Rajeev Kumar Dohare
M.L. Meena
Sumit Kumar

Modelação e controlo de CSTR com base em simulação

Rajeev Kumar Dohare
M.L. Meena
Sumit Kumar

Modelação e controlo de CSTR com base em simulação

ScienciaScripts

Imprint
Any brand names and product names mentioned in this book are subject to trademark, brand or patent protection and are trademarks or registered trademarks of their respective holders. The use of brand names, product names, common names, trade names, product descriptions etc. even without a particular marking in this work is in no way to be construed to mean that such names may be regarded as unrestricted in respect of trademark and brand protection legislation and could thus be used by anyone.

Cover image: www.ingimage.com

This book is a translation from the original published under ISBN 978-620-2-06236-7.

Publisher:
Sciencia Scripts
is a trademark of
Dodo Books Indian Ocean Ltd. and OmniScriptum S.R.L publishing group

120 High Road, East Finchley, London, N2 9ED, United Kingdom
Str. Armeneasca 28/1, office 1, Chisinau MD-2012, Republic of Moldova, Europe
Managing Directors: Ieva Konstantinova, Victoria Ursu
info@omniscriptum.com

Printed at: see last page
ISBN: 978-620-8-58633-1

Índice

Nomenclatura

Symbol	Definition	Units
E_a	Activation energy of reaction	BTU/lbmol
k_0	pre-exponential (or Arrhenius) factor	sec^{-1}
dH	Heat of reaction	BTU/lbmol
U	Internal energy	BTU/sec-ft^2-°F
Rho (ρ)	Density of the reacting mixture	BTU/ft^3
R	Gas constant	BTU/lbmol°F
V	Volume of the reactor	ft^3
F	Feed flow rate	ft^3/sec
Caf	Input concentration of compound A	lbmol/ ft^3
Tf	Input temperature of the reacting mixture	°F
A	Area of reactor	ft^2
T,Tr	Reactor temperature	°F
C_A	Concentration of A	lbmol/ ft^3
t	Time	second

Resumo

O controlo do processo do Reator de Tanque Agitador Contínuo (CSTR) é uma área interessante da engenharia química que oferece uma gama diversificada de investigação na área do controlo. A simulação em computador do modelo matemático tem uma série de vantagens em comparação com a experiência de um sistema real para o estudo da análise do estado estacionário, da análise do estado dinâmico e da análise do controlo. Neste caso, efectuámos a nossa simulação com a ajuda da função S, para eliminar o inconveniente da função de transferência.

A condição inicial não pode ser definida na abordagem da função de transferência, o que constitui um grande inconveniente. No método da função s, todas as condições iniciais podem ser contabilizadas antes do processo. A conceção do sistema de controlo, o estudo da análise das caraterísticas dinâmicas e de circuito aberto é necessária para o funcionamento do reator de tanque agitado contínuo. A dinâmica não linear do CSTR é um problema e uma questão difícil de controlar, especialmente no caso da reação exotérmica. A maior parte dos controladores são utilizados para a aplicação de processos lineares variantes no tempo, mas o CSTR é um sistema caraterístico não linear e o seu parâmetro de função muda devido ao desgaste, pelo que nunca se deve negligenciar estas mudanças.

O controlador PID utilizado para o modelo linear é basicamente a soma ponderada da saída dos controladores PID locais (controlador PID não linear), tendo sido utilizado para controlar o processo não linear. Tradicionalmente, os controladores PID e PI são utilizados eficazmente na indústria de processos para os circuitos de controlo.

O controlo preditivo de modelos (MPC) é eficaz para o controlo de auto-ajuste, pelo que esta técnica é aplicada com êxito no controlo avançado. Nesta metodologia, é utilizado um modelo de processo para prever o efeito de um número finito de movimentos futuros na variável controlada. A partir das respostas transitórias da variável controlada às alterações da variável manipulada, foi desenvolvida uma rede dinâmica para prever, com boa exatidão, um passo de tempo para a frente na saída futura do processo. O MPC refere-se a uma classe de algoritmos controlados por computador que utilizam um modelo de processo explícito para prever a resposta futura da fábrica.

O ajustamento da futura variável manipulada é produzido pela otimização da futura instalação através do cálculo da disposição para cada intervalo de controlo. A estrutura MPC proposta destina-se a obter um sistema de controlo capaz de melhorar o nível de conversão e de acompanhar a alteração do ponto de regulação e rejeitar perturbações da carga. Os resultados da simulação confirmam que o MPC é uma das melhores possibilidades para o controlo bem sucedido de sistemas não lineares.

O principal objetivo do estudo é controlar a temperatura do reator do CSTR para o ponto de regulação e a mudança de carga do modelo da instalação. Foram aplicadas várias abordagens de controlo no CSTR para controlar os seus parâmetros através do controlo PID e do controlo preditivo de modelos (MPC). A conceção e a simulação do modelo são efectuadas na biblioteca Simulink do MATLAB.

Capítulo 1

Introdução

A maior parte dos processos químicos tem um carácter altamente não linear após a aplicação das condições de funcionamento. Geralmente, a cinética da reação e as propriedades físicas são não lineares. Assim, o controlo destes processos é um grande desafio para os controladores não lineares. Mas a conceção deste tipo de controladores para o problema não linear é muito problemática devido à não linearidade.

Um reator de tanque agitado contínuo é geralmente considerado como perfeito, o que implica que as condições (temperatura, fixação) no seu interior se aproximam das condições de saída. Um CSTR refere-se frequentemente a um modelo utilizado para estimar as variáveis-chave da operação da unidade quando se utiliza um reator de tanque agitado contínuo para atingir um resultado especificado. Na maior parte dos reactores agitados contínuos, esta condição ideal pode ser bastante aproximada com uma conceção adequada do agitador e com uma velocidade adequada do agitador, o que torna o tempo de mistura pequeno em comparação com o tempo de residência. No entanto, esta condição ideal pode não ser atingida ou mesmo desejada em todos os casos. O modelo matemático funciona para todos os fluidos, tais como líquidos, gases e lamas. Num reator perfeitamente misturado, a composição de saída é idêntica à composição do material no interior do reator, que é uma função do tempo de residência e da taxa de reação. Nos processos de taxa em que é necessário atingir uma conversão elevada, especialmente se a ordem de reação for elevada, o tempo de reação pode ser reduzido consideravelmente se houver alguma preparação no reator.

A simulação de modelos matemáticos tem várias vantagens em relação à experiência num modelo ou sistema real. O modelo matemático é desenvolvido a partir de balanços materiais. A simulação é uma ferramenta muito importante e popular nos dias de hoje, quando a velocidade de computação dos computadores aumenta exponencialmente todos os dias, a matemática numérica é utilizada para a análise em estado estacionário e a análise dinâmica. Os resultados da simulação são utilizados para escolher um ponto de trabalho ótimo e um modelo linear externo para esta instalação não linear. Este estudo trata de experiências de simulação de um tipo de sistema não linear, o reator CSTR.

O controlador PID e o controlador preditivo de modelo linear são os dois esquemas de controlo mais populares que têm sido amplamente implementados nas indústrias de processos químicos nas últimas duas décadas. No entanto, o controlo de um sistema não linear utilizando os esquemas de controlo lineares acima referidos não apresenta um desempenho satisfatório em todos os pontos de funcionamento, uma vez que os parâmetros do processo não linear variam com as condições de funcionamento. Além disso, o controlador PID sintonizado numa condição de funcionamento pode não proporcionar um desempenho servo e regulador satisfatório em pontos de funcionamento deslocados. Deve notar-se que, para obter um melhor desempenho em circuito fechado, tem de ser utilizado um conjunto diferente de definições do controlador para cada condição de funcionamento. No caso dos sistemas de controlo baseados em modelos, a precisão do modelo terá um efeito significativo no desempenho em malha fechada do sistema de controlo. O conceito de modelos lineares múltiplos tem sido utilizado nos últimos anos para a modelização de sistemas não lineares Murray-Smith et al. Além disso, as abordagens baseadas em modelos lineares múltiplos para a conceção de controladores têm atraído a comunidade de controlo de processos Xue Z. K. et al (2006). Na literatura sobre controlo, foi proposto um excesso de esquemas de controlo adaptativo de modelos múltiplos Dougherty et al (2003). Gao et al (2002) propuseram um controlador PID não linear para CSTR utilizando redes de modelos locais. Galan Omar et al (2004) relataram a implementação em tempo real de estratégias de controlo baseadas em modelos multilineares num processo à escala laboratorial. Atualmente, os métodos MPC previsíveis baseiam-se na utilização de simulações lineares. O rendimento do controlo MPC linear dá resultados aceitáveis quando o processo está ativo no parâmetro de estado nominal do estudo. No caso do processo químico, não existe um modelo linear, especialmente para o reator. Por isso, há uma grande necessidade de conceber um MPC não linear que preveja o parâmetro de controlo. Para o processo químico, foram efectuados muitos estudos que analisam muitos algoritmos MPC não lineares.

Para um problema altamente não linear, a conceção de um controlador baseado em modelos consiste em recolher uma boa modelação não linear do processo. Os modelos observados comparativamente podem ser conhecidos como dados de entrada/saída do processo. A segunda grande dificuldade é que o problema não linear deve ser facilmente identificado. A estabilidade e o desempenho do modelo não linear não são diretamente analisados. Uma vez que os modelos de estado afim utilizados neste trabalho podem ser facilmente aproximados por uma parte linear nominal e pela incerteza do modelo, a teoria do controlo é uma escolha natural para analisar este tipo de modelos.

1.1 Modelação

Geralmente, a modelação matemática do processo não linear deve ser exacta para o controlador de elevado desempenho. Existem dois tipos de modelação:

1) Modelos baseados em princípios, baseados em balanços de massa e energia.
2) Modelação de base empírica, que é muito difícil de encontrar o resultado devido à complexidade da propriedade cinética e da propriedade física que são função da condição de funcionamento.

Assim, a modelação de base empírica é um procedimento inteligente para recolher os dados iniciais e finais por medição direta e a sua equação de modelo não linear por estudo diferente.

1.2 Estratégias de controlo

No estudo da conceção de um controlador programado para o modelo não linear de estado afim com procedimento não linear, o principal objetivo deste trabalho é a análise e a conceção de um sistema de controlo não linear em malha fechada para conceber o sistema de controlo para o problema não linear no modo de controlador e alguma especificação da malha de controlo fechada, esta tarefa consiste em produzir um controlador com o melhor desempenho que forneça o parâmetro desejado para operar a fábrica.

As razões para conceber o método do sistema de controlo de processos não lineares para muitas causas podem ser especificadas como

1. Desenvolvimento de sistemas de controlo existentes: Os métodos de controlo linear baseiam-se no pressuposto fundamental de que a gama de funcionamento é pequena para que o modelo linear seja válido. Quando a gama de funcionamento necessária é grande, é provável que um controlador linear tenha um desempenho muito fraco ou seja instável, porque as não linearidades do sistema não podem ser devidamente compensadas. Os controladores não lineares, por outro lado, podem lidar com as não linearidades numa gama maior de funcionamento.

2. Análise de não linearidades rígidas: Outro pressuposto do controlo linear é que o modelo do sistema é efetivamente linearizável. No entanto, nos sistemas de controlo, existe muita não linearidade cuja natureza descontínua não permite uma aproximação linear. Estas chamadas "não linearidades duras" (Slotine et al 1991), como a saturação e as zonas mortas, são frequentemente encontradas na engenharia de controlo. Os seus

efeitos não podem ser derivados de métodos lineares, pelo que devem ser desenvolvidas técnicas de análise não linear para prever o desempenho de um sistema na presença destas não linearidades inerentes.

3. Lidar com as incertezas do modelo: No projeto de controladores lineares, é normalmente necessário assumir que os parâmetros do modelo do sistema são razoavelmente bem conhecidos. No entanto, muitos problemas de controlo envolvem incertezas nos parâmetros do modelo. Isto pode dever-se à lenta variação temporal dos parâmetros ou à sua dependência das condições. Um controlador linear baseado em valores imprecisos dos parâmetros do modelo pode apresentar uma degradação significativa do desempenho ou mesmo instabilidade

Arslan, et al (2004). As não linearidades podem ser intencionalmente introduzidas no controlador para que as incertezas do modelo possam ser toleradas. Duas classes de controladores não lineares para este efeito são os controladores robustos e os controladores adaptativos.

No nosso estudo, o objetivo principal é conceber um controlador PID e um sistema de controlador MPC para o processo não linear e também estudar o parâmetro do reator de agitação contínua por alteração do ponto de regulação e da carga. Aqui, a nossa metodologia consiste em identificar o passo para encontrar os dados do documento e encontrar o parâmetro ótimo.

1.3 Objectivos e novidades

O objetivo deste estudo é conceber um método para o controlador de ganho programado, que controla o sistema de circuito fechado e proporciona uma boa estabilidade e desempenho do CSTR. A condição e o parâmetro de funcionamento são retirados do documento de Sandeep Kumar (2012). No modelo não linear, é possível quantificar a incerteza do sistema a partir da não linearidade do processo, que é função apenas da variável de entrada atual.

No nosso estudo, estamos a considerar uma reação exotérmica.

$$A \rightarrow B + \text{Heat}$$

Devido a este calor gerado, a temperatura de reação do reator aumenta. O nosso objetivo é controlar a temperatura (T) do reator, que é constante de acordo com as nossas necessidades. Um determinado CSTR com um único estado estacionário em função da temperatura da camisa pode ter um comportamento de múltiplos estados estacionários se a temperatura de entrada da camisa for considerada a variável manipulada.

Aqui, a modelação por funções-S (funções-sistema) fornece uma ferramenta de comando concebida para abranger as capacidades do ambiente Simulink do MATLAB 2013. Uma função S é uma descrição em linguagem informática de um bloco Simulink escrito em MATLAB, C, C++ ou FORTRAN. As funções S são compiladas como ficheiros MEX utilizando o utilitário mex. Tal como acontece com outros ficheiros MEX, as funções S são subrotinas ligadas dinamicamente que o interpretador MATLAB pode carregar e executar automaticamente. As funções S usam uma sintaxe de chamada especial chamada API da função S que permite interagir com o mecanismo Simulink. Essa interação é muito semelhante à interação que ocorre entre o mecanismo e os blocos integrados do Simulink. As funções S seguem uma forma geral e podem acomodar sistemas contínuos, discretos e híbridos. Seguindo um conjunto de regras simples, é possível implementar um algoritmo numa função S e utilizar o bloco da função S para o adicionar a um modelo Simulink. Assim, no nosso estudo, estamos a controlar a temperatura do reator utilizando a temperatura de entrada da camisa através de um controlador PID e MPC através da função S do ambiente Simulink.

Capítulo 2

Breve história da CSTR e da sua controlabilidade

Uma reação química é um processo que resulta na conversão de substâncias químicas. A substância ou substâncias inicialmente envolvidas numa reação química são designadas por reagentes. A maioria dos processos químicos tem um comportamento não linear e os reactores químicos são os equipamentos mais frequentemente utilizados na indústria química e bioquímica Dostal, Petret al (2011). É por isso que este estudo se centra num membro particular desta família - o Reator de Tanque Agitado Contínuo (CSTR) com reação exotérmica no interior Wojsznis et al (2002). Estes reactores são caracterizados por uma alteração química e produzem um ou mais produtos. Estes produtos são geralmente diferentes dos reagentes originais. As reacções químicas podem ser de natureza diferente, dependendo do tipo de reagentes, do tipo de produto desejado, das condições e do tempo da reação, por exemplo, síntese, decomposição, deslocamento, precipitação, isomerização, reacções ácido-base, redox ou orgânicas.

Os reactores químicos são recipientes concebidos para conter reacções químicas. É o local de conversão de matérias-primas em produtos e é também designado por coração de um processo químico. A conceção de um reator químico onde os medicamentos a granel seriam sintetizados à escala comercial depende de múltiplos aspectos da engenharia química. Uma vez que se trata de um passo muito importante na conceção global de um processo, os projectistas asseguram que a reação prossegue com elevada eficiência para o resultado desejado, produzindo o maior rendimento do produto da forma mais rentável. Os reactores são concebidos com base em caraterísticas como o modo de funcionamento, os tipos de fases presentes ou a geometria dos reactores. São assim designados:

1) Por lote ou contínuo, consoante o modo de funcionamento.

2) Homogéneo ou Heterogéneo, dependendo das fases presentes.

Podem também ser classificadas como:

- Reator de Tanque Agitado, ou
- Reator tubular, ou
- Reator de Leito Empacotado, ou

- Reator de Leito Fluidizado,

Um processo em que os reagentes são introduzidos no reator e os produtos ou subprodutos são retirados pelo meio, enquanto a reação ainda está em curso. Por exemplo, o processo Haber para o fabrico de amoníaco. A produção contínua permite normalmente reduzir os custos de produção em comparação com a produção descontínua, mas tem a limitação de não ter a flexibilidade da produção descontínua.

2.1 Reator de Tanque de Agitação Contínua (CSTR) Modelo:

Num CSTR, um ou mais reagentes líquidos são introduzidos num reator de cuba equipado com um impulsor, enquanto o jato do reator é reacoplado. O impulsor mistura os reagentes para garantir uma mistura legítima. Deste modo, pode ver-se na Figura **2.1** que nestes reactores, os reagentes são continuamente encorajados para o primeiro recipiente; eles inundam os outros em progressão, enquanto são completamente misturados em cada recipiente. Apesar do facto de a peça ser uniforme nos recipientes individuais, existe uma inclinação de fixação escalonada na estrutura global.

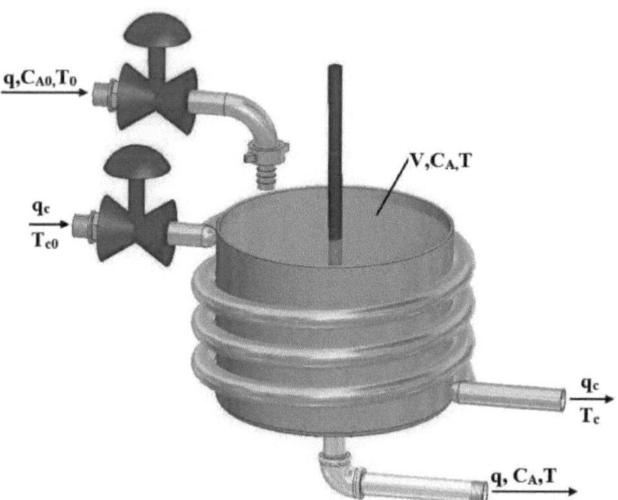

Figura: 2.1 Representação esquemática do CSTR

Os reactores contínuos são geralmente preferidos para a produção em grande escala. Os reactores de cuba de agitação contínua (CSTR) representam sistemas típicos com incertezas porque têm parâmetros que variam em determinados intervalos ou parâmetros constantes com valores não exatamente conhecidos. Os reactores de cuba de agitação contínua (CSTR) com um sistema de transferência de calor por camisa de recirculação podem ter um comportamento dinâmico mais interessante do que a representação clássica. A duração média despendida por uma quantidade discreta de reagente no interior do tanque ou o tempo de residência pode ser obtido dividindo simplesmente o volume do tanque pelo caudal volumétrico médio através do tanque. A taxa de conclusão esperada da reação, em percentagem, pode ser calculada utilizando a cinética química.

2.2 Controlador PID

Na maioria dos processos industriais, o controlador PID é popular como controlador de feedback e aplicado com sucesso há mais de 50 anos. Este algoritmo é robusto e pode ser facilmente aplicado às caraterísticas dinâmicas das instalações de processamento para efetuar um excelente controlo. Essencialmente, o PID tenta corrigir a saída, diminuindo o erro no meio da saída desejada e da saída medida do processo, a fim de melhorar tanto quanto possível a resposta transitória e em estado estacionário.

2.3 Controlador MPC

O MPC não é uma estratégia de controlo específica, mas uma vasta classe de algoritmos baseados no controlo ótimo que utilizam um modelo de processo explícito para prever o comportamento de uma instalação. Nos últimos 30 anos, foi desenvolvida uma grande variedade de algoritmos MPC. Por exemplo, o algoritmo de controlo heurístico preditivo de modelos (MPHC), referido por Richalet et al. em 1976, que utiliza um modelo de resposta ao impulso como modelo linear. Além disso, o algoritmo LMPC mais popular industrialmente, o Controlo Matricial Dinâmico (DMC) apresentado por Cutler e Ramaker (1979), o Controlo Preditivo Generalizado (GPC) por Clarke et al. (1987) que pretendia fornecer uma nova alternativa de controlo adaptativo e, por último, o Controlo de Modelo Interno (IMC) relatado por Garcia e Morari (1982a). As principais diferenças entre todos estes algoritmos MPC são os tipos de modelos utilizados para representar a dinâmica da planta e a função de custo a ser minimizada. No entanto, a estrutura fundamental dos algoritmos MPC é comum a todos os tipos de esquemas MPC Marruedo et al (2002). Os elementos básicos do MPC são ilustrados na Figura 2.2 e podem ser definidos da seguinte forma:

1) Um modelo adequado é utilizado para prever o comportamento da saída de uma instalação num intervalo de tempo futuro, normalmente conhecido como horizonte de previsão (P). Para um modelo em tempo discreto, isto significa que prevê a saída da

instalação de y(k +1) a y(k + Hp) com base em todas as entradas de controlo passadas u(k),u(k .1),...,u(k . j) e na informação atual disponível y(k).

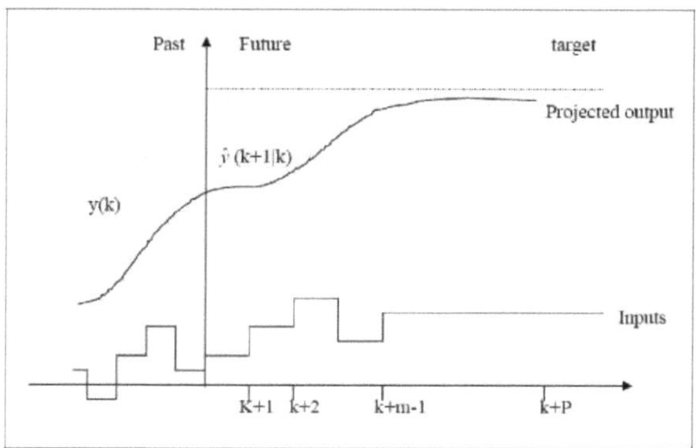

Figura: 2.2 Estratégia MPC

2) Uma sequência de ajustamentos das acções de controlo (Δu(k|k-1)... Δu(k+m|k-1)) a implementar num intervalo de tempo futuro especificado, conhecido como horizonte de controlo (m), é calculada através da minimização de alguns objectivos especificados, tais como o desvio da produção prevista em relação ao ponto de referência ao longo do horizonte de previsão e a dimensão dos ajustamentos das acções de controlo na condução da produção do processo para o objetivo, para além de algumas restrições de funcionamento. No entanto, apenas o primeiro movimento da sequência de acções de controlo calculada é implementado, enquanto os outros movimentos são rejeitados. Toda a etapa do processo é repetida no tempo de amostragem subsequente. Esta teoria é conhecida como teoria do horizonte recuado.

3) Um MPC nominal é impossível, ou, por outras palavras, nenhum modelo pode constituir uma representação perfeita da planta real. Assim, o erro de previsão, ε(k), entre a medição da planta y_m (k) m e a previsão do modelo y(k) ocorrerá sempre. O ε(k) obtido é normalmente utilizado para atualizar a previsão futura. A Figura 2.3 ilustra a realimentação de erro do MPC.

N. Ohmura et al., (2005) realizaram a polimerização em emulsão de acetato de vinilo num sistema de dois reactores de tanque agitado contínuo em série para observar processos químicos dinâmicos. O monómero e uma solução aquosa de iniciador e emulsionante foram alimentados separada e continuamente no primeiro reator. A concentração de emulsionante era consideravelmente inferior à concentração crítica de micelas. A solução de látex em reação descarregada do primeiro reator foi introduzida

no Segundo

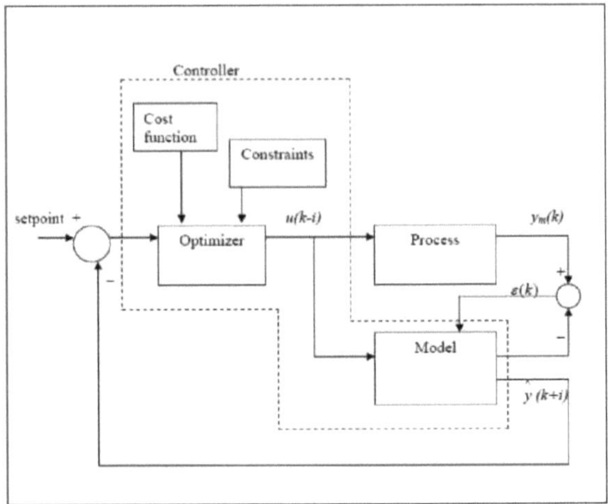

Figura: 2.3 Diagrama de blocos do controlador MPC

reator. O tempo médio de residência e a velocidade do impulsor rotativo foram variados como parâmetros de controlo. Após um período de transição, foi atingido um estado estável de conversão quase constante do monómero. Mesmo enquanto este estado estável foi mantido, a distribuição do tamanho das partículas variou periodicamente. O diâmetro médio das partículas de látex também oscilou ao longo do tempo. Uma distribuição mais ampla foi obtida no segundo reator, onde, a partir de um determinado tempo de amostragem, foi observada uma distribuição bimodal do tamanho das partículas. Estes resultados indicam que o processo de agregação predomina sobre o processo de reação no segundo reator. Verificou-se também que o comportamento oscilatório pode ser controlado através do ajuste da velocidade de rotação do impulsor e do tempo médio de residência, sendo que o primeiro influencia a amplitude da oscilação e o segundo o seu período.

V. Komolprasert e R. Y. Ofoli (2004) utilizaram uma extrusora de parafuso duplo com correlação Baker-Perkins como bioreactor para hidrolisar amido de milho hidrolisado por uma a-amilase *de Bacillus licheniformis* temofílico. A extrusora foi modelada como um tubo e caracterizada como um sistema fechado. Esta caraterização não foi feita no sentido termodinâmico; em vez disso, relacionou-se com o perfil de um fluido marcador à entrada e à saída da zona de reação. A cinética da reação foi modelada por uma equação de primeira ordem modificada, que permitiu que a equação de dispersão fosse resolvida analiticamente com a condição de fronteira de Danckwerts. Os dados de várias execuções de extrusão foram sobrepostos para obter um perfil para avaliar o modelo. O número de dispersão, determinado a partir do primeiro e segundo momentos da curva RTD, foi principalmente uma função do comprimento da zona de reação. Verificou-se uma boa concordância entre as previsões e os dados experimentais, especialmente a baixos números de dispersão. Em geral, o modelo de dispersão axial parece ser adequado para a análise de reacções enzimáticas com uma conversão até 30%. A um caudal fixo e a uma temperatura constante, a extensão da conversão do amido depende significativamente do teor de humidade, do tempo de residência e da dosagem de enzima, mas não da velocidade do parafuso

F. Xavier Malcata (2009) desenvolveu uma análise teórica do perfil de concentração de reagentes ao longo de um determinado número de CSTR em série para reacções do tipo ping-pong seguindo a cinética de Michaelis-Menten (com concentrações iniciais iguais para ambos os substratos). A minimização do tempo total de espera foi considerada como a função objetivo intermédia, enquanto a minimização do investimento total de capital foi considerada como a função objetivo principal. Propõe-se a análise do perfil único de concentração para retificação contínua (reacções CSTR de tipo "ping-pong").

Roberto Lemoine et al., (2005) estudaram o comportamento não linear da polimerização radicalar mediada por nitróxido de estireno (NMRP) que ocorre num reator de tanque agitado contínuo (CSTR). O caudal de água de arrefecimento, a temperatura do fluxo de alimentação, a temperatura de alimentação da água de arrefecimento, a concentração do fluxo de alimentação do monómero e o tempo de residência foram escolhidos como parâmetros de bifurcação. Foi encontrado um comportamento típico de histerese para este reator, tornando necessária a utilização de um esquema de controlo para operar em potenciais regiões de interesse. Foram encontradas multiplicidades de entrada, bem como bifurcações disjuntas e comportamentos isolados, o que torna o reator propenso a problemas de funcionamento e de controlo.

N. F. Thornhill, S. C. Patwardhan e S. L. Shah (2007) apresentaram a simulação dos primeiros princípios de uma instalação-piloto de aquecimento contínuo com tanque agitado na Universidade de Alberta. O modelo tem balanços térmicos e volumétricos, e uma caraterística muito realista é que as não-linearidades dos instrumentos, dos actuadores e do processo foram cuidadosamente medidas, por exemplo, para ter em conta o volume ocupado pelas bobinas de aquecimento no tanque. São apresentados dados experimentais de ensaios por etapas e registos de perturbações reais. O modelo em Simulink e os dados experimentais estão disponíveis eletronicamente, e são dadas algumas sugestões para a sua aplicação no ensino, na identificação de sistemas, na deteção de falhas e no diagnóstico.

José C. de la Cal e José M. Asua (2008) investigaram a síntese de floculantes catiónicos por copolimerização em microemulsão inversa de acrilamida e cloreto de [2-(acriloiloxi)etil]-trimetil amónio em reactores contínuos (CSTR único e dois CSTR em série). Verificou-se que a microestrutura específica dos polímeros dependia fortemente do processo. O polímero sintetizado em dois CSTRs em série apresentou o melhor desempenho como floculante porque continha cadeias poliméricas curtas (polímero produzido no segundo reator) e longas ramificadas (polímero produzido no primeiro reator).

Antonio Flores-Tlacuahuac, Victor Zavala-Tejeda e Enrique Saldivar-Guerra (2010) descreveram a análise de bifurcação não linear em circuito aberto do processo de poliestireno de alto impacto utilizado para a conceção, operação e análise de controlo óptimos através de um conjunto de sete reactores de tanque agitado contínuo (CSTR) ligados em série. A conceção do processo foi efectuada utilizando uma abordagem de otimização; o ponto de funcionamento nominal ótimo é instável em circuito aberto e está de acordo com as condições de funcionamento industriais típicas. Para os sete CSTRs em cascata, foram encontrados 398 estados estáveis, mas apenas 11 são considerados viáveis industrialmente; 9 deles são instáveis em circuito aberto. Foram encontradas multiplicidades de entrada e de saída, e são discutidas as implicações nas transições de grau óptimas e no controlo do processo. Foi utilizado um sistema de controlo em cascata simples para demonstrar que os controladores PI lineares acrescentam padrões de comportamento não linear anteriormente não presentes no processo.

Javier Lopez-Rubio (2010) efectuou a análise da multiplicidade em estado estacionário de um sistema completo e detalhado de polimerização de alto impacto num reator de tanque agitado contínuo não isotérmico. É discutido o efeito potencial das perturbações manipuladas e das variáveis de projeto no controlo do reator. Através da combinação adequada de certos parâmetros de bifurcação, são propostas algumas formas de aumentar a conversão do monómero sem encontrar problemas relacionados com o efeito de gel. É demonstrado que os problemas de dependência de alta sensibilidade não podem ser eliminados através de alterações nos parâmetros de projeto analisados. São identificadas algumas das melhores formas de efetuar o controlo da temperatura do reator em circuito fechado.

I-Lung Chien et al., (2004) estudaram a conceção e o controlo de um processo realista de reator/coluna acoplado para produzir acetato de etilo. O projeto do processo é mais complicado porque o produto acetato de etilo não é nem o componente mais leve nem o mais pesado do sistema. É proposto um procedimento de pesquisa para obter a conceção óptima do processo e as condições de funcionamento deste processo. A conceção óptima do processo é a que minimiza o custo anual total (TAC) deste processo, satisfazendo simultaneamente as especificações rigorosas em matéria de impurezas do produto. A conceção global óptima do processo inclui um reator de cuba de agitação contínua (CSTR) acoplado a um retificador, um decantador, outro decantador e um fluxo de reciclagem. Após a definição da conceção do processo, o passo seguinte consiste em utilizar a simulação dinâmica para testar a estratégia de controlo adequada para este processo. É efectuada uma análise de sensibilidade para obter os pontos de controlo de temperatura adequados para as colunas. A estratégia de controlo proposta é muito simples, contendo apenas uma malha de controlo da temperatura em cada coluna. Esta estratégia de controlo mais simples recomendada utiliza o rácio entre a taxa de alimentação de ácido acético e a taxa de alimentação de etanol para controlar a temperatura da quinta fase do retificador e utiliza o serviço da caldeira de decapagem para controlar a temperatura da quinta fase do decapante. A estratégia de controlo proposta não necessita de quaisquer medições da composição em linha e pode manter adequadamente a pureza do produto, apesar das perturbações do caudal e da composição da alimentação. Para pequenos desvios das composições de impurezas do produto durante as perturbações, pode ser implementada uma estrutura de circuito de composição exterior em cascata lenta utilizando medições de composição fora de linha do laboratório de qualidade.

Kanse Nitin G., Dhanke P. B e Thombare Abhijit (2012) estudaram a simulação básica de um dos dispositivos mais utilizados na indústria química, o Reator de Tanque de Agitação Contínua (CSTR). As simulações em modelos matemáticos têm várias vantagens em relação à experiência num modelo ou sistema real. O modelo matemático é desenvolvido a partir de balanços de materiais. A simulação é uma ferramenta muito importante e popular nos dias de hoje, quando a velocidade de computação dos computadores aumenta exponencialmente todos os dias, a matemática numérica é utilizada para a análise em estado estacionário e a análise dinâmica. Os resultados da simulação são utilizados para a escolha de um ponto de trabalho ótimo e de um modelo linear externo desta instalação não linear. Este artigo trata de experiências de simulação de nenhum tipo de sistema não linear, o reator CSTR. Estas simulações resultam num ponto de funcionamento ótimo e num modelo linear externo, que serão posteriormente utilizados para escolher um ponto de funcionamento ótimo e, sobretudo, para fins de controlo.

Syed Hashsham (2010) efectuou estudos de traçadores para monitorizar o desempenho dos CSTR, comparando dados experimentais reais com modelos teóricos. Foram realizados dois tipos de estudos de traçadores, entrada por impulso e entrada por degrau, numa configuração de seis CSTRs em série. Foram utilizados dois modelos teóricos para prever os resultados das experiências de entrada por impulsos e por fases. Embora a forma das curvas de concentração das experiências coincidisse de perto com as previstas pelos modelos, observou-se que as concentrações eram inferiores aos valores esperados. Também se verificou que os picos de concentração ocorreram mais cedo nas experiências reais. A principal razão para as diferenças foi atribuída a flutuações no caudal e à ineficiência da mistura. Espera-se que a melhoria das medidas de controlo do caudal e uma melhor mistura produzam melhores resultados.

Mohd Fuaad Rahmat et al., (2011) apresentaram duas estratégias de controlo diferentes baseadas na combinação de um novo algoritmo de otimização sócio-política, denominado Algoritmo Competitivo Imperialista (ICA), e o conceito de programação de ganhos realizado através das abordagens dos mínimos quadrados e da lógica difusa como Reator de Tanque Agitado Contínuo (CSTR) é um tema importante no processo químico e oferece uma gama diversificada de investigações na área da engenharia química e de controlo. Foram aplicadas várias abordagens de controlo no CSTR para controlar os seus parâmetros. O objetivo é controlar a temperatura do CSTR na presença de alterações do ponto de regulação. Os trabalhos seguiram-se com a conceção desses controladores e a sua simulação no software MATLAB. O desempenho dos controladores propostos foi considerado com base nos critérios da Soma dos Erros Quadrados (SSE) e do Erro Absoluto Integral (IAE). Os resultados indicam claramente que ambas as estratégias de controlo sugeridas oferecem um desempenho aceitável no que diz respeito às alterações funcionais do processo. Por outras palavras, a robustez dos métodos propostos para lidar com as incertezas ao longo do seguimento do sinal de referência é um ponto importante a ter em conta. Além disso, a estratégia de estruturação baseada em fuzzy proporciona uma maior flexibilidade e um comportamento mais preciso na ação de controlo, em comparação com a abordagem baseada nos mínimos quadrados.

J. G. Van DE Vussse (1962) estudou as expressões do reator de tanque agitado para a conversão de uma reação de primeira ordem, a distribuição dos tempos de residência e a função de distribuição. As expressões contêm dois parâmetros, a saber, um parâmetro de taxa de circulação, que é igual ao rácio da taxa de circulação sobre a taxa de alimentação, e um parâmetro de difusividade, que é uma medida da difusão axial ao longo das linhas de fluxo. A taxas de circulação e/ou difusividades elevadas, o desvio padrão relativo aproxima-se da unidade, como é o caso de um misturador ideal. A conversão de uma reação de primeira ordem aproxima-se da de um misturador ideal para valores do parâmetro da taxa de circulação superiores a um, o que significa que o tempo de mistura do lote é pequeno em comparação com o tempo de residência. O tempo de mistura em lote também deve ser pequeno em comparação com a constante de velocidade de reação recíproca. O processo de mistura num reator descontínuo agitado foi descrito em termos das alterações de concentração num determinado local do reator após uma injeção de impulsos. As curvas de concentração-tempo calculadas têm uma forma semelhante à das curvas experimentais e explicam a conclusão experimental de que a homogeneização está completa após uma circulação do fluido. São apresentados alguns valores e correlações para os parâmetros que podem ser úteis, especialmente no aumento de escala dos reactores.

Hossein Khodadadi, Hooshang Jazayeri-Rad (2010) estudaram a aplicação de um controlo preditivo de modelos multivariáveis computacionalmente eficiente a um CSTR. Os resultados revelaram que o algoritmo proposto demonstrou uma melhoria significativa do desempenho em relação ao algoritmo LMPC baseado em KF multivariável e ao NMPC. As vantagens do algoritmo MPC-NPL desenvolvido quando comparado com os outros métodos discutidos neste artigo são: (i) o algoritmo suboptimal realiza uma execução online do procedimento QP numericamente fiável e, ao contrário da otimização não linear que pode terminar num mínimo local, a solução global é sempre encontrada dentro de um período de tempo previsível; (ii) a redução da complexidade computacional obtida no algoritmo suboptimal em comparação com o NMPC convencional é muito significativa.

J. Prakash , K. Srinivasan (2009), os autores representaram o sistema não linear como uma família de modelos lineares locais de espaço de estados, os controladores PID locais foram concebidos com base em modelos lineares e a soma ponderada das saídas dos controladores PID locais (controlador PID não linear) foi utilizada para controlar o processo não linear. Além disso, foi desenvolvido um controlador preditivo de modelo não linear utilizando a família de modelos locais lineares de espaço de estados (F-NMPC). A eficácia dos esquemas de controlo propostos foi demonstrada num processo CSTR, que apresenta uma não linearidade dinâmica, e conclui-se que um procedimento simples e direto para conceber um esquema de controlo PID não linear (N-PID) e um esquema de controlo preditivo de modelo não linear (F-NMPC) utilizando modelos lineares locais para o processo CSTR, que apresenta uma variação significativa no fator de amortecimento e na frequência natural não amortecida. A partir dos estudos de simulação exaustivos, pode concluir-se que os controladores propostos têm um bom seguimento do ponto de regulação, capacidades de rejeição de perturbações em pontos de funcionamento nominais e deslocados e propriedades de robustez. Além disso, o desempenho do sistema de controlo preditivo de modelos não lineares proposto, que utiliza modelos lineares locais, foi comparado com o controlo preditivo de modelos não lineares que utiliza um modelo analítico. A partir do extenso estudo de simulação, pode concluir-se que o F-NMPC proposto ajuda a reduzir o número de cálculos necessários, em comparação com o NMPC baseado num modelo analítico. O esquema de controlo baseado em modelos proposto (F-NMPC) pode ser considerado como uma alternativa ao esquema de controlo baseado em modelos analíticos (ANMPC).

Chenimineni Kishore, T.Vandhana, Sheereen Hussain & S.Srinivasulu Raju (2012) estudaram que o Reator de Tanque de Agitação Contínua (CSTR) é um tópico importante no controlo de processos e oferece uma gama diversificada de investigações na área da engenharia química e de controlo. Uma simulação num modelo matemático tem várias vantagens sobre a experiência num modelo ou sistema real, que é utilizado para a análise do estado estacionário e a análise do estado dinâmico. O principal objetivo é controlar a temperatura do CSTR na presença de perturbações. Foram aplicadas várias abordagens de controlo no CSTR para controlar os seus parâmetros através do controlo PID e do controlo preditivo de modelos (MPC). A modelação e a simulação são efectuadas em MATLAB Simulink e concluem que o processo CSTR é identificado como um sistema não linear. A modelação do processo CSTR é implementada com a ajuda de uma equação diferencial de primeiro princípio. O MATLAB (Simulink) é utilizado para resolver a equação diferencial. O controlador PID convencional é implementado com base no método de sintonização automática através da realização do teste de realimentação do relé para seguir as alterações do ponto de regulação da temperatura do processo CSTR. O teste de feedback do relé é efectuado ao processo para identificar os parâmetros de afinação da estrutura PID. O controlador MPC é implementado para seguir a resposta servo e a resposta regulamentar. Os resultados da simulação provaram que o método de controlo MPC é um método fácil de afinar e mais eficaz para melhorar a estabilidade do desempenho no domínio do tempo do controlo da temperatura do processo CSTR.

Asar, Isik (junho de 2004) Apresentou que o desempenho do algoritmo do Controlador Preditivo de Modelos (MPC) é investigado em dois sistemas de reação diferentes. O primeiro caso é um sistema de reação de saponificação em que o acetato de etilo reage com hidróxido de sódio para produzir acetato de sódio e etanol num CSTR. No reator, a temperatura e a concentração de acetato de sódio são controladas através da manipulação dos caudais de acetato de etilo e de água de arrefecimento. O modelo do reator é desenvolvido tendo em conta os primeiros modelos principais. As experiências são feitas para obter dados de estado estacionário do sistema de reação e estes são comparados com os resultados do modelo para encontrar os parâmetros desconhecidos do modelo e este estudo é considerado para investigar o desempenho do algoritmo do Controlador Preditivo de Modelos (MPC) em CSTR's para sistemas de saponificação e produção de ácido bórico. No sistema de saponificação;

1. Os resultados experimentais e do modelo para uma mudança de ponto de ajuste em acetato de etilo, Fea, são comparados em condições de estado não estacionário e é encontrada uma boa correspondência entre eles.

2. De acordo com a análise SVD, a concentração de acetato de sódio está associada ao caudal de acetato de etilo e a temperatura do reator está associada ao caudal de água de arrefecimento para a configuração de controlo.

3. São concebidos o SISO-MPC e o MIMO-MPC. Para o SISO-MPC, os parâmetros de sintonização, f e C, são $1*10^{-7}$ e 70 para controlar a concentração de acetato de sódio, $2*10^{-3}$ e 14 para controlar a temperatura do reator. Para o MIMO-MPC, f e C são $1*10^{-7}$ e 70, respetivamente, para os circuitos de controlo da concentração e da temperatura.

4. Verifica-se que os desempenhos do SISO-MPC e do MIMO-MPC são bons para o seguimento do ponto de regulação e para a rejeição de perturbações.

5. O MIMO-MPC é considerado robusto.

No sistema de produção de ácido bórico;

1. Os SISO-MPC são concebidos utilizando modelos de funções de transferência reais e aproximados.

2. O parâmetro de afinação f é encontrado como 0,02 para ambos os SISO-MPC e C é selecionado como 60% do horizonte do modelo, C= 66.

3. Os controladores concebidos apresentam um bom desempenho no seguimento do set point e na rejeição de perturbações. Os SISO-MPC (actuais e aproximados) são robustos para o seguimento do ponto de regulação, ao passo que, para a rejeição de perturbações, não são robustos.

4. Na presença de restrições de variáveis controladas, o desempenho do controlador concebido é bom para o seguimento do ponto de regulação e a rejeição de perturbações. No entanto, as restrições da variável manipulada não são recomendadas devido ao excesso de ultrapassagem na variável controlada.

5. Utilizando modelos de função de transferência aproximada, Cohen e Coon (PID) e ITAE (PID) são projectados e, quando comparados com o MPC, verifica-se que o MPC é superior aos outros.

Capítulo 3

Modelação matemática e simulação

O desempenho dinâmico do CSTR é definido pela equação de balanço de massa, componente e energia. Estas equações exprimem o comportamento da CSTR sob a forma de expressões funcionais. De acordo com a cinemática da reação, formam-se novos componentes e a concentração dos reagentes é reduzida simultaneamente Vojtesek et al (2011). Aqui consideramos uma reação exotérmica de primeira ordem, pelo que é produzido calor e, para remover o calor, consideramos um CSTR encamisado. Na camisa, a água fria flui para manter a temperatura do reator.

3.1 Modelação matemática

3.1.1 Pressupostos do modelo CSTR

O modelo do CSTR é desenvolvido a partir de balanços materiais e energéticos. Os pressupostos são os seguintes;

1. A densidade e a capacidade térmica dos componentes são consideradas constantes.
2. Uma reação exotérmica irreversível.
3. A reação é de primeira ordem em fase líquida.
4. Perdas de calor negligenciáveis e densidades constantes assumidas.
5. Desprezando os termos de energia cinética e potencial.
6. O trabalho do veio é normalmente negligenciado, a menos que a mistura seja altamente viscosa e a operação de agitação consuma uma potência significativa.
7. Fluido incompressível ou reator de pressão constante.
8. Reator de volume constante.
9. A capacidade calorífica da mistura é constante e independente da composição e da temperatura.

3.1.2 Balanço de massa

A equação simples de balanço de massa para o modelo (CSTR) é escrita como:

$$\text{Rate of mass flow in} - \text{Rate of mass flow out} = \text{Rate of change of mass with in system}$$

Equação de balanço de massa de um reator de tanque agitado

Neste caso, consideramos um tanque de líquido com mistura adequada que tem o fluxo de entrada F_o (O volume do reator é V (ft) e a densidade p (ib/ft).

O caudal de saída do tanque é F (ft^3 /sec) e a densidade p (lb/ft^3).

$$\{\text{rate of change of the mass in the tank}\} = \{\text{rate of mass in}\} - \{\text{rate of mass out}\} \quad (1)$$

$$F_0\rho_0 - F\rho = dv\rho/dt \quad (2)$$

Density is constant so $F_0 = F$ (3)

3.1.3 Equilíbrio dos componentes

No modelo CSTR para o realismo, cada componente distinto alterado com o tempo deve ser considerado. Porque o componente pode ser formado ou recusado devido à cinemática da reação, mas a mole global de reagente e produto permanece permanentemente a mesma. Se existirem N componentes, será necessária a equação de equilíbrio N-1. Para cada espécie, o balanço dos componentes pode ser escrito para i^{th} componente o balanço molar:

{rate of accumulation of component i}= {rate of component i in} - {rate of component i out} + {rate of component i formed/consumed} (4)

Cálculo da reação química para o modelo de tanque agitado

No nosso estudo, assumimos que a reação é A ^ B, é irreversível e de primeira ordem. Assim, a equação da taxa para o componente A:

$$-r_A = dC_A/dt \quad (5)$$

A taxa de reação é proporcional à concentração dos reagentes elevada a uma determinada potência. A expressão atual é obtida através de um "melhor ajuste" aos dados experimentais. Não existe uma relação necessária entre a estequiometria da reação e a ordem de reação.

$$-r_A = kC_A \quad (6)$$

A CA desaparece de acordo com a reação, pelo que se utiliza o sinal negativo. A constante de proporcionalidade (k) depende da temperatura do reator. Este efeito da temperatura na velocidade de reação k é normalmente considerado exponencial, o que se designa por Arrhenius temperature dependence.

$$K = K_0 \exp\left(-\frac{E_a}{R(T+460)}\right) \quad (7)$$

Em que E, R, K_o e T são, respetivamente, a energia de ativação, a constante da lei dos gases, o fator pré-exponencial (ou fator de Arrhenius) e a temperatura da reação

Balanço de componentes para o modelo de tanque agitado

C_{A0} (lbmol/ft3) é a concentração de A no fluxo de entrada e a concentração no reator é C_A (lbmol/ft^3). Assim, o balanço de componentes para o reactante A

Molecular weight × inlet flow rate × conc. of A - Molecular weight × outlet flowrate × conc. of A

+ net rate of Generation(Molecular weight × volume × $(-r_A)$ = Molecular weight ×d(volume×Conc.of A)/ dt

$$MC_{A0}F_0 - MC_AV + MV(-r_A) = Md(C_AV)/dt \quad (8)$$

F_0 =F, ou seja, a equação (3)

$$dC_A/dt = F(C_{A0} - C_A)/V - K_0\exp\left[\frac{-Ea}{\{R(T+460)\}}\right]C_A \quad (9)$$

3.1.4 Balanço energético para o modelo de tanque agitado

No nosso estudo, a reação é exotérmica por natureza. É colocada uma camisa de arrefecimento para eliminar o excesso de energia gerado pela reação. Com a camisa de arrefecimento, a taxa de remoção de calor é Q (BTU/seg.). O calor específico (btu/lbx°F) e a densidade (lb/ft^3) são considerados constantes durante todo o processo. A quebra da ligação química do reagente para converter o reagente em produto é chamada calor de reação e o calor de reação negativo mostra que a reação é exotérmica. O calor negativo da reação mostra que a reação é exotérmica:

{Rate of change of liquid energy}= {Rate of flow of energy into CSTR } - {Rate of flow of energy out of CSTR} + {Rate at which energy is generated due to chemical reaction }- {the rate of heat removal using a cooling coil}

O balanço energético é geralmente apresentado em termos de "taxa de variação da temperatura em função do tempo". A expressão da taxa de variação da energia ou do teor de calor de um líquido obtém-se da seguinte forma

$$dE/dt = d(mC_pT)/dt = mC_p dT/dt = V\rho C_p\, dT/dt \qquad (10)$$

Calor específico da densidade *d(volume *temperatura)/dt={taxa de fluxo de massa ^Calor específico *Temp}-{taxa de fluxo de massa ^Calor específico *Temp} -{Taxa de consumo do reagente x volume* calor de reação}-{diferença de temperatura da área de energia interna}

$$\rho c_p\, d(TV)/dt = F_0\rho_0 C_p T_0 - F\rho C_p T + (-r_A)V\Delta H - Q \quad (11)$$

O volume V do reator é constante em função do tempo

$$\rho V C_p d(T)/dt = \rho F C_p T_0 - \rho F C_p T + (-\Delta H)V(-r_A) - UA(T - T_j) \quad (12)$$

Rearranjando a equação, obtemos

$$\frac{dT}{dt} = \frac{(T_0 - T)F}{V} + \frac{\left(K_0 \exp\left(-\frac{E_a}{R(T+460)}\right)C_A\right)(-\Delta H)}{\rho C_p} - \frac{UA(T - T_j)}{\rho C_p V} \qquad (13)$$

Name of the parameter	Symbol	value of the parameter with unit
Activation energy of reaction	E	32400 BTU/lbmol
pre-exponential (or Arrhenius) factor	K_0	4,16,66,66,666.667sec^{-1}
Heat of reaction	dH	-45000 BTU/lbmol
Internal energy	U	0.020833 BTU/sec-ft^2-°F
Density of the reacting mixture× specific heat at constant pressure	Rhocp	53 BTU/ft^3
Gas law constant	R	1.987 BTU/lbmol°F
Volume of the reactor	V	750 ft^3
Feed flow rate	F	0.8333 ft^3/sec
Input concentration of compound A	C_{A0}	0.132 lbmol/ ft^3
Input temperature of the reacting mixture	T_{A0}	60 °F
Area of reactor	A	1221ft^2

Tabela: 3.1 Parâmetros constantes de projeto do CSTR

3.3 Simulação

A equação não linear do CSTR é complexa, pelo que escrevemos estas equações sob a forma de ficheiro m. Este ficheiro m é recuperado na biblioteca Simulink com a ajuda da função S e este modelo é diretamente executado na biblioteca Simulink e as equações do modelo são resolvidas. Existem muitos solucionadores, como o ode 15s e o ode 45; através do âmbito de aplicação, podemos ver o comportamento da variável em relação ao tempo em qualquer instante.

3.3.1 Simulação do CSTR

A Figura 3.1 mostra o diagrama de blocos, ou seja, o subsistema do CSTR não linear, que é formado pela biblioteca Simulink do MATLAB. A instalação tem apenas uma entrada, a temperatura do refrigerante, e o outro parâmetro é considerado constante. Há duas saídas da instalação que são a concentração do reagente e a temperatura do reator.

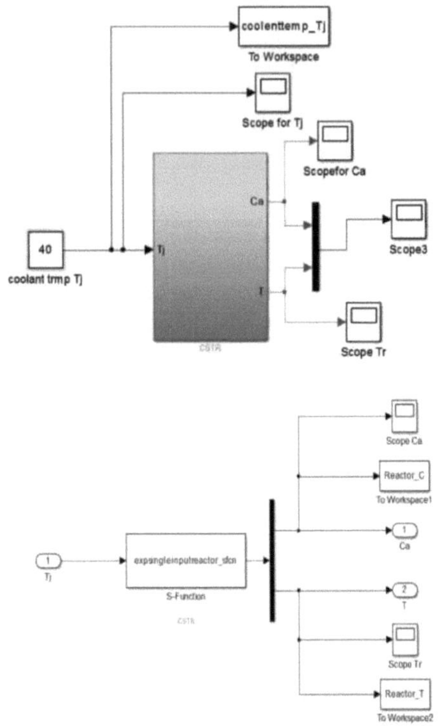

Figura: 3.1 Diagrama de simulação do CSTR na biblioteca Simulink MATLAB

3.4 Estratégias de controlo

A implementação do controlador é feita através da aplicação e conceção de controladores PID e MPC para o CSTR.

3.4.1 Conceção e afinação do PID

O reator de cuba de agitação contínua de circuito aberto pode funcionar com vários pontos de funcionamento, uma vez que o parâmetro de entrada pode mudar em função do tempo e do ambiente. Assim, para funcionar corretamente com a alteração da carga e da condição inicial, utilizámos um controlador. O controlador PID apresenta melhores resultados quando a temperatura do líquido de refrigeração regula a temperatura do reator em torno de pequenas alterações de funcionamento. Mas, no nosso problema, o modelo é altamente não linear, o desempenho do controlo degrada-se com alterações significativas do ponto de funcionamento. O modelo torna-se instável. Assim, o escalonamento de ganhos é uma boa abordagem para controlar

CSTR não lineares com controladores lineares. No nosso trabalho, utilizámos o controlador PID GUI em MATLAB. A conceção do controlo de programação de ganhos é feita em três etapas:

(1) O controlador é afinado. De seguida, é iniciada a linearização automática para vários pontos de funcionamento de equilíbrio.

(2) Um mecanismo de programação em que os coeficientes do controlador, como os ganhos PID, são alterados com base nos valores das variáveis de programação.

(3) Avaliar o desempenho do controlo com simulação.

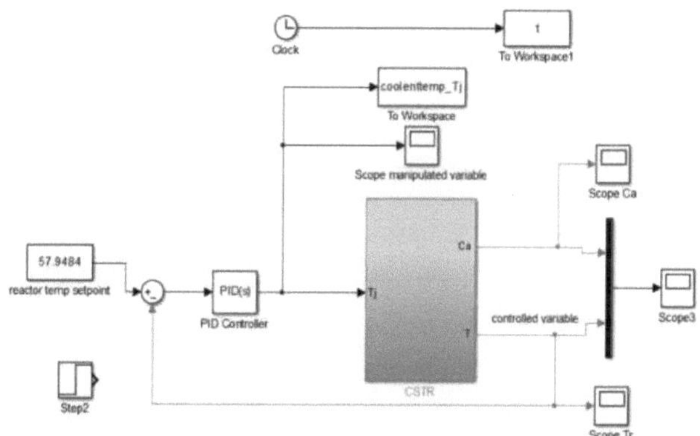

Figura: 3.2 Modelo CSTR em circuito fechado com PID

A conceção do controlador PID é efectuada através da afinação automática, que está integrada na biblioteca MATLAB Simulink, e o diagrama PID simulado é apresentado na Figura 3.2. O parâmetro sintonizado do PID é p=500 i=100 d=5 e o coeficiente do filtro é 30. É selecionada a forma paralela. A função de transferência para o controlador PID paralelo com tempo contínuo é:

$$C_{par}(S)=[P+I(1/s)+D\left(N_s/(S+N_p)\right)$$

3.4.2 Conceção e afinação do MPC

A caixa de ferramentas do controlador preditivo de modelo está acessível a partir da biblioteca Simulink do MATLAB. No MPC Reference, também referido como set point ou target Referência de concentração residual; sinal com origem no bloco Concentration Set point. O ponto de ajuste é 57,8494 °F. A saída medida não é utilizada no nosso trabalho.

A reação no CSTR é exotérmica, pelo que a temperatura de controlo do reator é significativa; não pode ser ignorada porque o comportamento da temperatura é não linear. Assim, em primeiro lugar, concebemos o MPC com base no ponto de regulação, na gama de variáveis manipuladas e na saída, na taxa de descida e de subida das variáveis manipuladas para o controlador e, em seguida, procedemos à afinação. Durante a afinação, o controlador lineariza o modelo e verifica o desempenho do controlador. As etapas de implementação do MPC são as seguintes

1. Ferramenta de desenho MPC aberta
2. Avaliar o ponto de funcionamento por defeito
3. Calcular o ponto de operação desejado para o modelo de planta
4. Exportar o controlador e o ponto de funcionamento para o espaço de trabalho MATLAB

A conceção do controlador MPC baseia-se no valor do erro ITAE. No nosso estudo, fixámos os parâmetros do MPC, ou seja, o intervalo de controlo, o horizonte de previsão e o horizonte de controlo em 0,1, 40 e 10, respetivamente. Estes parâmetros são optimizados pelo valor ITAE da saída da instalação. O diagrama simulado do CSTR com MPC é apresentado na Figura 3.3.

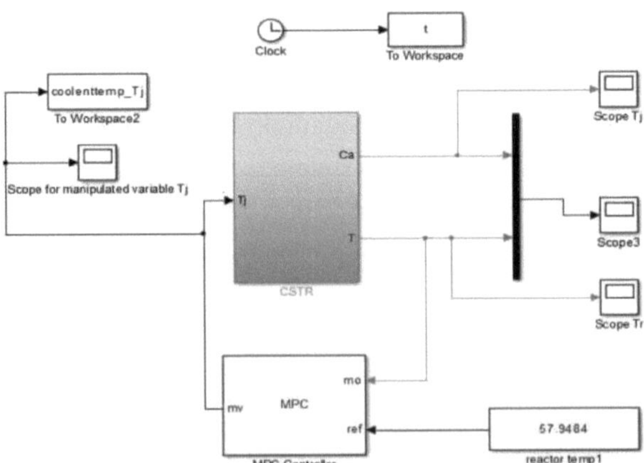

Figura: 3.3 CSTR simulado em circuito fechado Modelo com controlador MPC

Capítulo- 4

Resultados e discussão

4.1 Resultado da simulação

Observámos a resposta em circuito aberto do modelo CSTR, a temperatura do reator aumenta devido à reação exotérmica, pelo que, para remover o excesso de calor, utilizámos as bobinas de arrefecimento na superfície do CSTR. A reação aumenta, em certa medida, a concentração do processo CSTR. Esta resposta é mostrada na Figura 4.1. A temperatura do reator é estabilizada após 4000 segundos a 57,9484°F e a concentração a 0,122 lb-mol/ft^3 . Analisamos a resposta oscilatória exibida no processo de rastreamento do ponto de ajuste e leva mais tempo para rastrear o ponto de ajuste, mesmo na presença de distúrbios no processo.

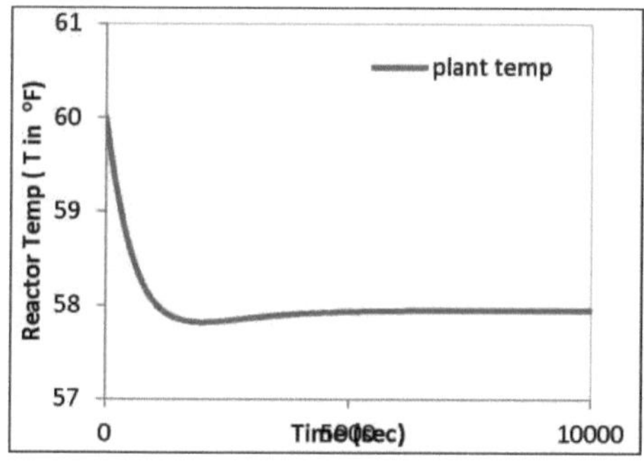

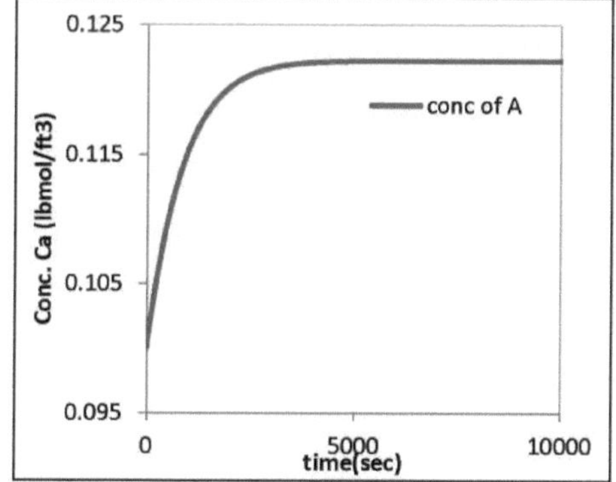

Figura: 4.1Resposta de **saída** da simulação

A partir da Figura 4.1, vemos que, à medida que a temperatura do reator diminui, a concentração de A aumenta. Assim, após a simulação, observámos o valor do estado estacionário de Cint e Tint, que é apresentado na Figura 4.2, e que mostra que a temperatura é controlada em circuito aberto sem alteração do ponto de regulação e da alteração da carga. Para seguir o valor do ponto de regulação, como se mostra no ponto de regulação para o nosso processo é 57,9484°F, que é a temperatura do reator.

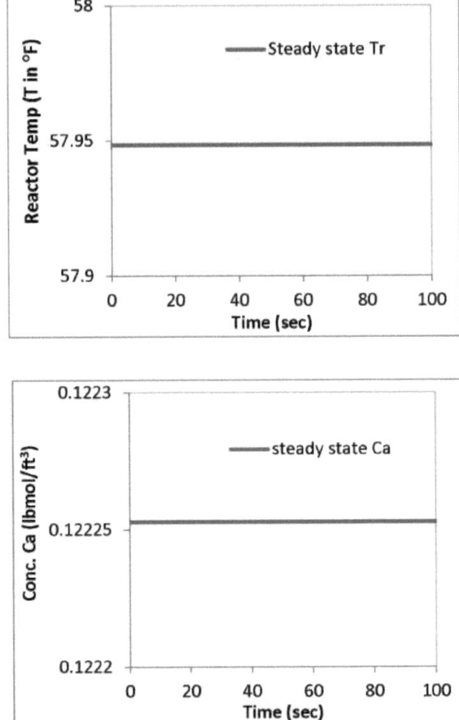

Figura: 4.2 Comportamento em estado estacionário do CSTR

4.1.1 ±10 a 40% de variação gradual da temperatura do líquido de arrefecimento para resposta em circuito aberto

No circuito aberto, introduzimos a variação gradual da temperatura do refrigerante em 500 segundos para uma variação de ±10 a 40% e, inicialmente, a temperatura do reator é de 57,95°F e os outros parâmetros são considerados constantes. medida que a temperatura do líquido de arrefecimento aumenta, a temperatura do reator também aumenta e a concentração de A diminui e vice-versa, porque à medida que a temperatura do reator aumenta, a reação é exotérmica e a taxa de reação diminui.

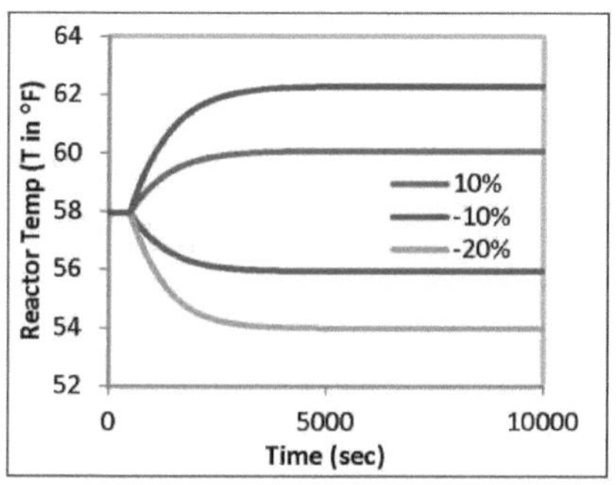

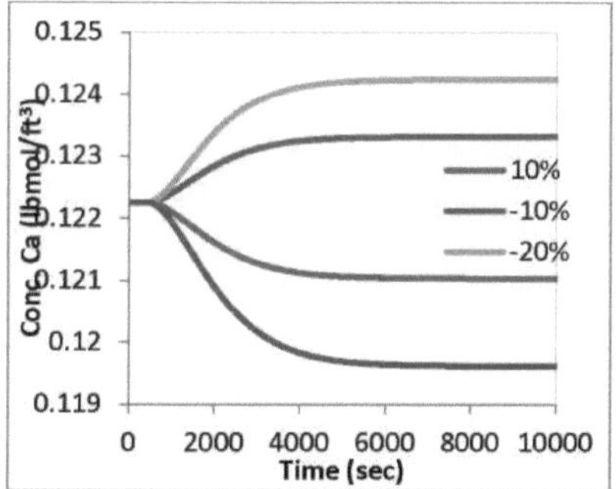

Figura: 4.3 ±10 e 20% de alteração do ponto de ajuste em Temperatura do líquido de refrigeração para resposta em circuito aberto

Para ±10 e ±20% de variação gradual da temperatura do refrigerante a 500 segundos, o efeito na temperatura e na concentração do reator é apresentado na Figura 4.3. Observamos na Figura 4.3 que, para ±10% e ±20% de variação da temperatura do refrigerante, o valor do estado estacionário da temperatura do reator (T_r), a concentração de A (C_A) e o tempo de estabilização são alterados. Para uma variação de +10% na temperatura do fluido de arrefecimento, a temperatura do reator aumenta até 2°F, estabiliza em 3000 segundos e a concentração de A diminui 0,0011 lbmol/ft^3 . Para uma variação de -10% na temperatura do líquido de arrefecimento, a temperatura do reator diminui 2°F, a estabilização ocorre em 3000 segundos e a concentração de A (c_A) aumenta até 0,001 lbmol/ft .^{3}

Para uma variação de +20% na temperatura do refrigerante, a temperatura do reator aumenta até 4,3°F, estabiliza em 3100 segundos e a concentração de A diminui 0,0019 lbmol/ft .^{3}

Para uma variação de -20% na temperatura do líquido de arrefecimento, a temperatura do reator diminuiu 4°F, estabilizou em 3100 segundos e a concentração de A (C_A) aumentou até 0,0026lbmol/ft .[3]

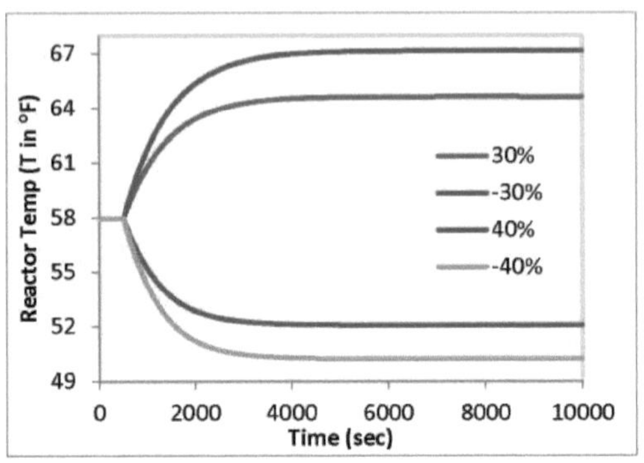

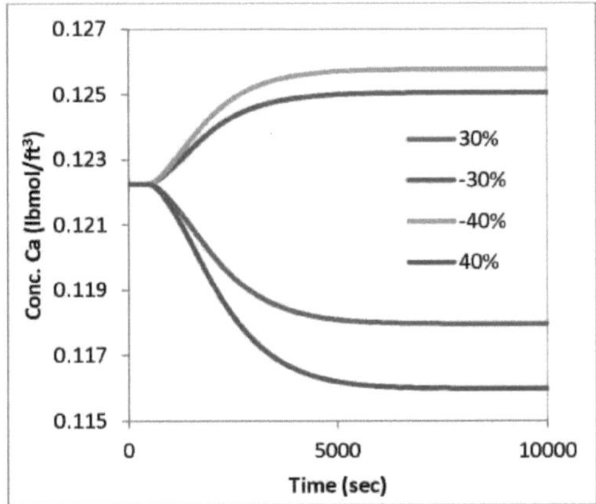

Figura: 4.4 ±30 e 40% de variação do ponto de ajuste do líquido de arrefecimento Temperatura para resposta em circuito aberto

Do mesmo modo, para ±30 e ±40 % de variação gradual da temperatura do fluido de arrefecimento aos 500 segundos. A resposta do circuito aberto é apresentada na Figura 4.4. Observámos a partir da Figura que, para ±30% e ±40% de alteração da temperatura do refrigerante, o valor do estado estacionário da temperatura do reator (T_r), a concentração de A (c_A) e o tempo de estabilização. Para variações de +30% na temperatura do refrigerante, a temperatura do reator aumenta 6,5 °F, estabiliza em 3300 segundos e a concentração de A diminui 0,004 lbmol/ft^3 . Para uma variação de -30% na temperatura do refrigerante, a temperatura do reator diminui 6°F, a estabilização ocorre em 3300 segundos e a concentração de A (C_A) aumenta 0,003 $lbmol/ft^3$.

Para variações de +40% na temperatura do refrigerante, a temperatura do reator aumenta 9 °F, estabiliza em 3500 segundos e a concentração de A diminui 0,0062 $lbmol/ft^3$. Para alterações de -40% na temperatura do líquido de arrefecimento, a temperatura do reator diminui 7,7 °F, estabiliza em 3500 segundos e a concentração de A (C_A) aumenta até 0,0035 $lbmol/ft^3$.

4.1.2 ±10 a 40% de variação gradual no caudal de alimentação para resposta em malha aberta

Para a resposta regulamentar em circuito aberto, alterámos ±10 a 40% do caudal de alimentação como variável de carga a 500 segundos e os outros parâmetros são considerados constantes. Inicialmente, o caudal de alimentação é de 0,83 $pés^3$ /seg. Assim, observamos que, se o caudal for aumentado, a temperatura do reator aumenta com a concentração de A. A resposta regular para ±10% e ±20% de variação do caudal de alimentação, a variação da temperatura do reator e a concentração de A são mostradas na Figura 4.5.

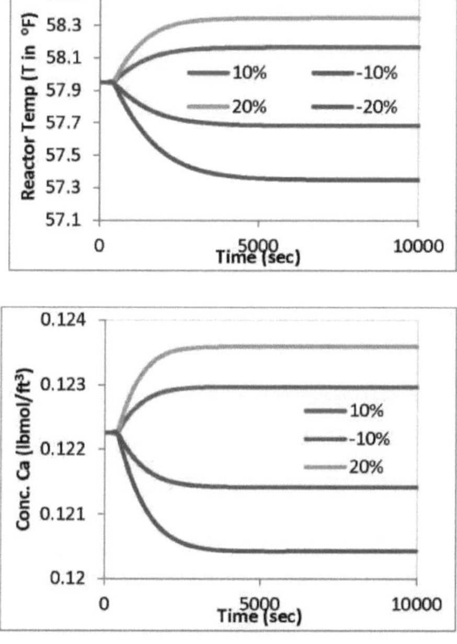

Figura: 4.5 ±10 e 20% de variação de carga no caudal de alimentação Taxa de resposta em circuito aberto

A resposta de saída para uma alteração de 10% no caudal de alimentação mostra que o caudal aumenta e a temperatura do reator aumenta até 0,2°F com um tempo de estabilização de 2100 segundos e a concentração também aumenta até $6,8*10^{-4}$ lbmol/ft^3 . Para variações de -10% no caudal de alimentação, a temperatura do reator é estabilizada em 2900 segundos e diminui 0,25°F e a concentração de A também diminui 6,0x10'4 lbmol/ft .[3]

Para uma alteração de 20% no caudal de alimentação, a temperatura do reator aumenta até 0,5°F com um tempo de estabilização de 2300 segundos e a concentração de A aumenta até 1,3x10'3 lbmol/ft^3 . Do mesmo modo, no caso de alterações de -20%, a temperatura do reator diminui 0,6°F com um tempo de estabilização de 3500 segundos e a concentração de A diminui 1,8x10 lbmol/ft .-3 3

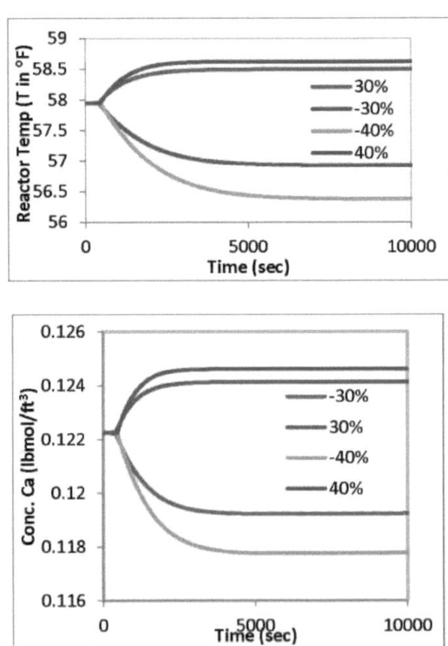

Figura: 4.6 ±30 e 40% de variação de carga no caudal de alimentação
Taxa de resposta em circuito aberto

A resposta regular para ±30% e ±40% de variação do caudal de alimentação à variação da temperatura do reator e da concentração de A é apresentada na Figura 5.6. A partir da resposta de saída para a variação de 30% no caudal de alimentação, a temperatura do reator aumenta até 0,66°F com um tempo de estabilização de 2300 segundos e a concentração também aumenta até $1{,}8x10^{-3}$ lbmol/ft^3 .

Para alterações de -30% no caudal de alimentação, a temperatura do reator é estabilizada em 3300 segundos e diminui 1 °F e a concentração de A também diminui $2{,}3x10^{-3}$ lbmol/ft .^{3}

Para uma variação de 40% no caudal de alimentação, a temperatura do reator aumenta até 0,6°F com um tempo de estabilização de 3000 segundos e a concentração de A aumenta até 2,3x10 lbmol/ft^{-33} .

Do mesmo modo, para uma alteração de -40%, a temperatura do reator diminui 1,5°F com um tempo de estabilização de 3600 segundos e a concentração de A diminui 4,4*10 lbmol/ft .$^{-3\ 3}$

4.2 Resposta do controlador PID

Existem dois tipos de resposta para o controlador PID. O primeiro é a alteração do ponto de regulação e o segundo é a alteração da carga com diferentes percentagens de alteração.

No nosso problema, a temperatura do reator é tomada como ponto de referência e o caudal de alimentação é tomado como carga.

4.2.1 Resposta do PID para alteração do ponto de ajuste

A resposta servo do PID fornece a variação de ±10% no ponto de ajuste. O ponto de regulação da temperatura do reator é 57,9484°F.

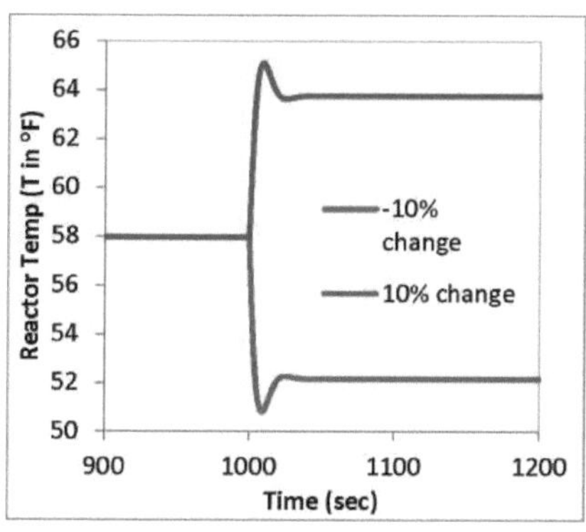

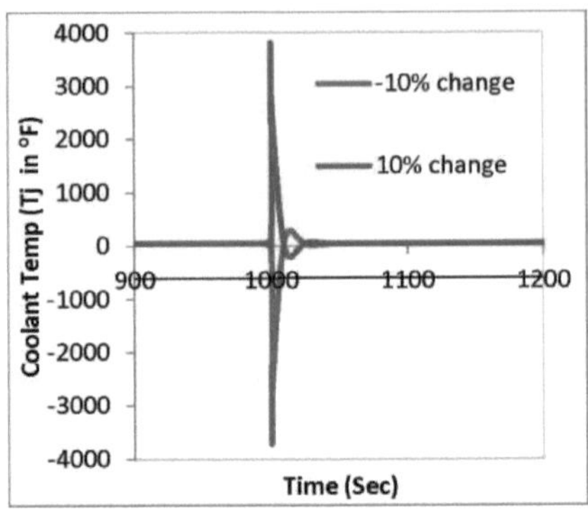

Figura: 4.7 ±10% Variação do ponto de ajuste do líquido de arrefecimento Temperatura com controlador PID

A partir da Figura 4.7, observamos que, para uma alteração de 10% no ponto de regulação, ou seja, na temperatura do reator, a variável manipulada temperatura do líquido de arrefecimento tem um valor de pico de 3806°F e demora 3600 segundos a estabilizar e a variável de controlo, que é a temperatura do reator, demora 60 segundos como tempo de estabilização, utilizando um valor de pico de 65,093 e uma ultrapassagem de 1,35 com desvio zero. Se o ponto de regulação, ou seja, a temperatura do reator, for alterado em -10%, a variável manipulada temperatura do líquido de arrefecimento tem um valor de pico de -3726°F e demora 3000 segundos a estabilizar e a variável controlada, que é a temperatura do reator, demora 55 segundos a estabilizar, utilizando um valor de pico de 50,81 e uma ultrapassagem de 1,33 com desvio zero.

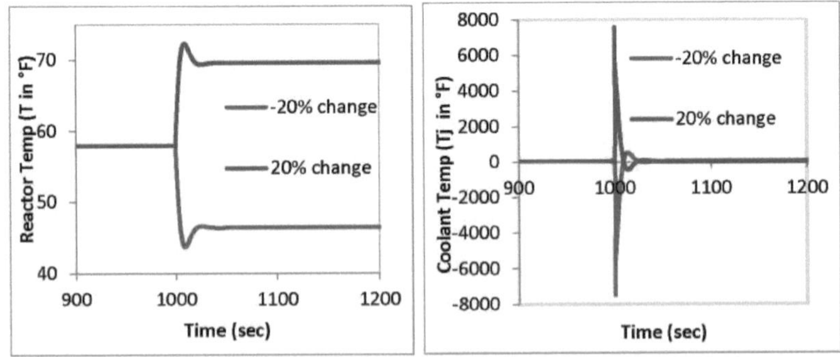

Figura: 4.8 ±20% Variação do ponto de ajuste do líquido de arrefecimento Temperatura com controlador PID

A partir da Figura 4.8, observamos que, para uma alteração de 20% no ponto de regulação, ou seja, na temperatura do reator, a variável manipulada, que é a temperatura do líquido de arrefecimento, tem um valor de pico de 7573 °F e demora 3000 segundos a estabilizar e a variável controlada, que é a temperatura do reator, demora 60 segundos a estabilizar, utilizando um valor de pico de 72,24 e uma ultrapassagem de 2,70 com desvio zero.

Para uma alteração de -20% no ponto de regulação, ou seja, na temperatura do reator, a variável manipulada, que é a temperatura do líquido de arrefecimento, tem um valor de pico de -7478°F e demora 3000 segundos a estabilizar e a variável controlada, que é a temperatura do reator, demora 55 segundos a estabilizar, utilizando 43,66 de valor de pico e uma ultrapassagem de 2,7 com desvio zero.

A partir da Figura 4.9, observamos que, para uma alteração de 30% no ponto de regulação, ou seja, na temperatura do reator, a variável manipulada, que é a temperatura do líquido de arrefecimento, tem um valor de pico de 11339 °F e demora 3000 segundos a estabilizar e a variável controlada, que é a temperatura do reator, demora 75 segundos a estabilizar, utilizando um valor de pico de 79,39 e uma ultrapassagem de 4,06 com desvio zero.

Para uma alteração de -30% no ponto de regulação, ou seja, na temperatura do reator, a variável manipulada, que é a temperatura do refrigerante, tem um valor de pico de -11254 °F e demora 3000 segundos a estabilizar e a variável controlada, que é a temperatura do reator, demora 60 segundos a estabilizar, utilizando um valor de pico de 36,52 e uma ultrapassagem de 4, com desvio zero.

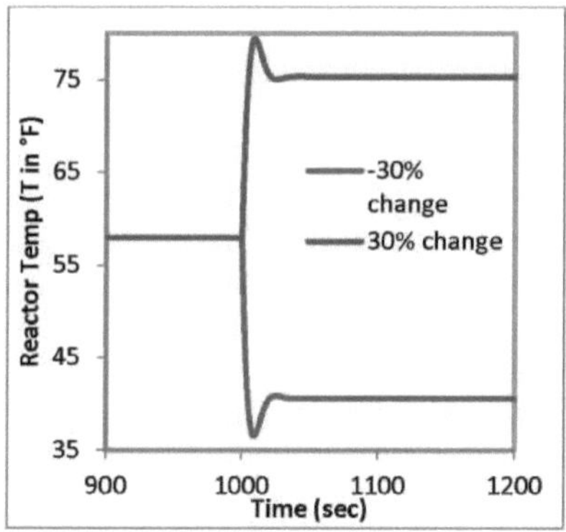

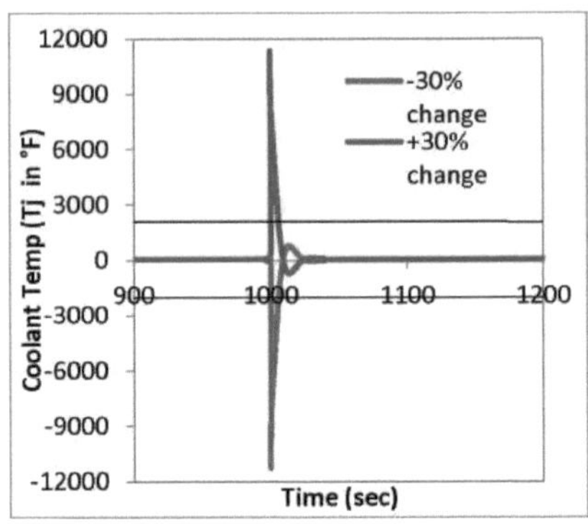

Figura: 4.9 ±30% Variação do ponto de ajuste do líquido de arrefecimento Temperatura com controlador PID

Agora, a variação de ±40% no ponto de ajuste deu em 1000 segundos a saída resultante da temperatura do refrigerante, que é a variável manipulada, e a temperatura do reator, ou seja, a variável de controlo, é mostrada na Figura 4.10. A partir da Figura 4.10, observamos que, para uma variação de 40% no ponto de regulação, ou seja, na temperatura do reator, a variável manipulada, que é a temperatura do líquido de arrefecimento, tem um valor de pico de 15106 °F e demora 3000 segundos a estabilizar e a variável controlada, que é a temperatura do reator, demora 84 segundos a estabilizar, utilizando um valor de pico de 86,55 e uma ultrapassagem de 5,4 com desvio zero.

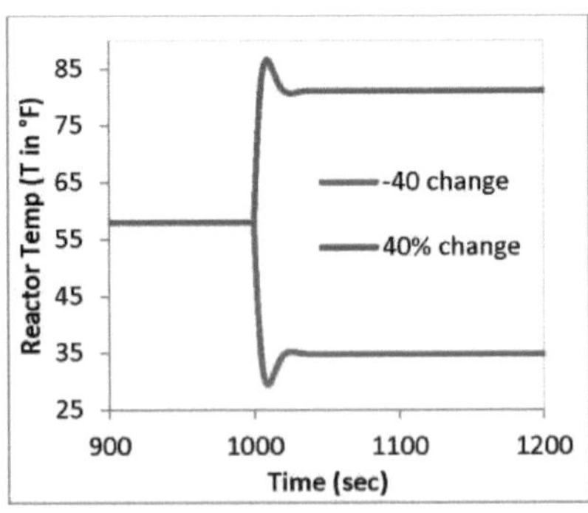

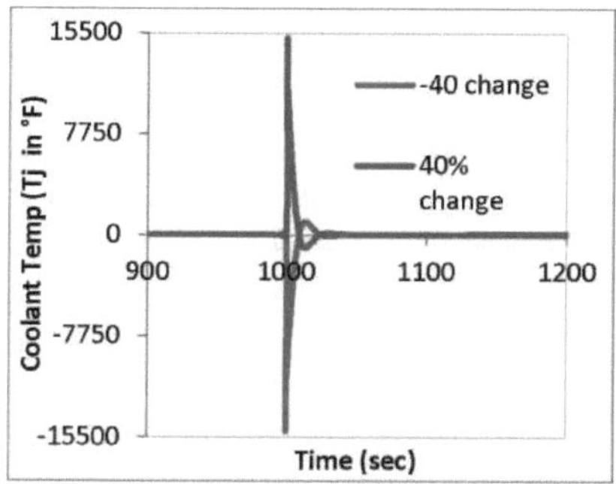

Figura: 4.10 ±40% Variação do ponto de ajuste do líquido de arrefecimento Temperatura com controlador PID

Para uma alteração de -40% no ponto de regulação, ou seja, na temperatura do reator, a variável manipulada, que é a temperatura do líquido de refrigeração, tem um valor de pico de -15026°F a 1000 segundos e demora 1100 segundos a estabilizar e a variável controlada, que é a temperatura do reator, demora 90 segundos a estabilizar, utilizando um valor de pico de 29,39 e uma ultrapassagem de 5,3 com desvio zero.

4.2.2 Resposta do PID para alteração de carga

Para a resposta reguladora do PID, fornecemos a variação de carga como caudal de alimentação. No nosso problema, estudamos uma variação de carga de ±10 a ±40%. O caudal de alimentação é inicialmente considerado como 0,833 pés^3 /seg para ±10% de variação da carga.

Quando é dada uma variação de 10% no caudal de alimentação como variação de carga a 500 segundos, observamos que a variável manipulada, que é a temperatura do líquido de arrefecimento, tem um valor de pico de 39,5 °F e demora 2000 segundos a estabilizar, o que é mostrado na Figura 4.11 e

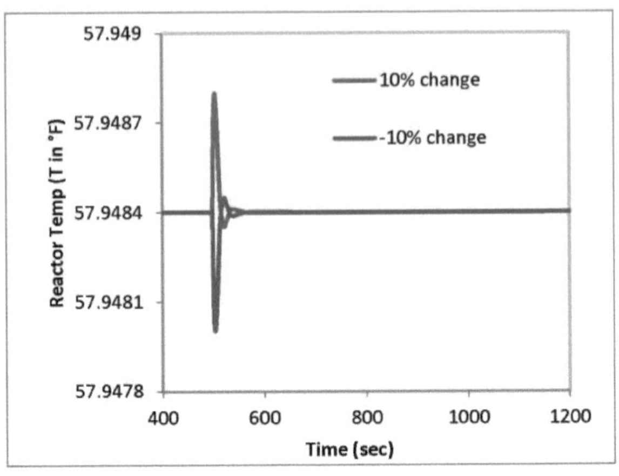

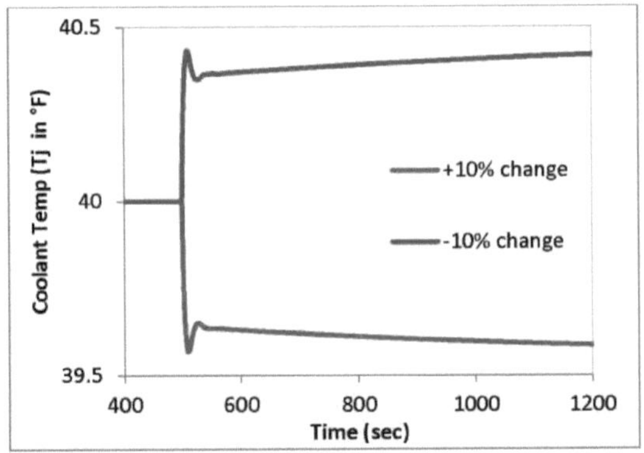

Figura: 4.11 ±10% Variação de carga na alimentação Caudal com controlador PID

a variável controlada, que é a temperatura do reator, demora 138 segundos como tempo de estabilização, utilizando um valor de pico de 57,95 e uma ultrapassagem de $4x10^{-4}$ com desvio zero. Para uma variação de -10% na carga, a variável manipulada, que é a temperatura do líquido de arrefecimento, tem um valor de pico de 40,56°F e demora 2100 segundos a estabilizar e a variável controlada, que é a temperatura do reator, demora 130 segundos a estabilizar, utilizando um valor de pico de 57,9480 e uma ultrapassagem de $3x10^{-4}$ com desvio zero. A resposta regulamentar para variações de ±20% no caudal de alimentação.

A partir da Figura 4.12, observamos que, para uma variação de 20% no caudal de alimentação como variação de carga a 500 segundos, a variável manipulada, que é a temperatura do líquido de arrefecimento, tem um valor de pico de 39,12 °F e demora 2500 segundos a estabilizar e a variável controlada, que é a temperatura do reator, demora 500 segundos a estabilizar, utilizando 57,95

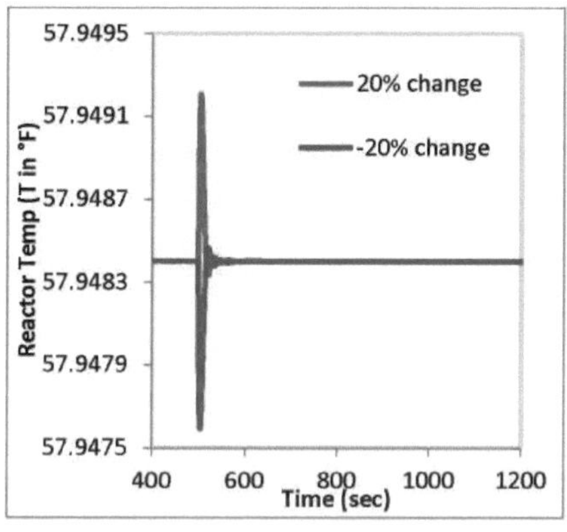

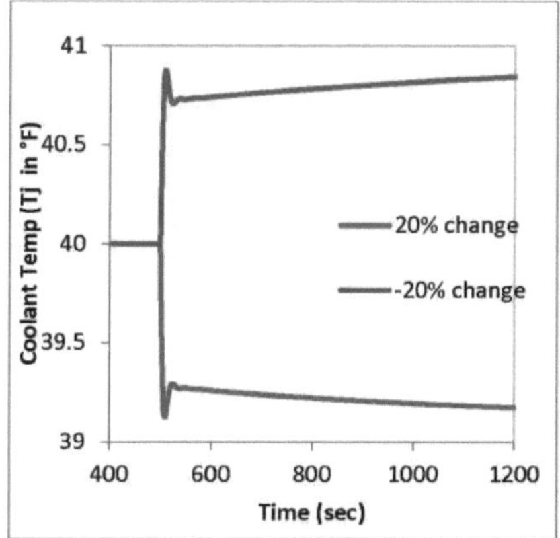

Figura: 4.12 ±20% Variação de carga na alimentação Caudal com controlador PID

valor de pico e ultrapassagem de 4 x10^{-4} com desvio zero. Para uma variação de -20% na carga, a variável manipulada, que é a temperatura do refrigerante, tem um valor de pico de 40,87°F e demora 2200 segundos a estabilizar e a variável controlada, que é a temperatura do reator, demora 200 segundos a estabilizar, utilizando um valor de pico de 57,9480 e uma ultrapassagem de 3x10^{-4} com desvio zero.

A partir da Figura 4.13, observamos que, para uma variação de 30% no caudal de alimentação como variação de carga a 500 segundos, a variável manipulada, que é a temperatura do líquido de arrefecimento, tem um valor de pico de 38,67 °F e demora 2800 segundos a estabilizar e a variável controlada, que é a temperatura do reator, demora 440 segundos como tempo de estabilização, utilizando um valor de pico de 57,95 e uma ultrapassagem de $6x10^{-3}$ com zero. Para uma variação de -30% na carga, a variável manipulada, que é a temperatura do líquido de arrefecimento, tem um valor de pico de 41,32 °F e demora 2600 segundos a estabilizar e a variável controlada, que é a temperatura do reator, demora 400 segundos a estabilizar, utilizando um valor de pico de 57,94 e uma ultrapassagem de 7x10-3 com desvio de zero.

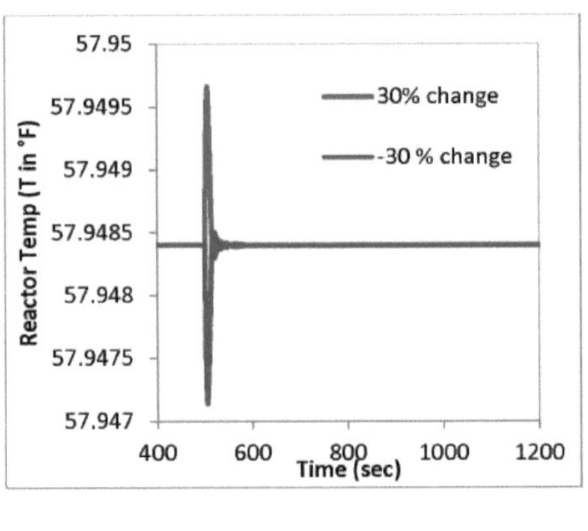

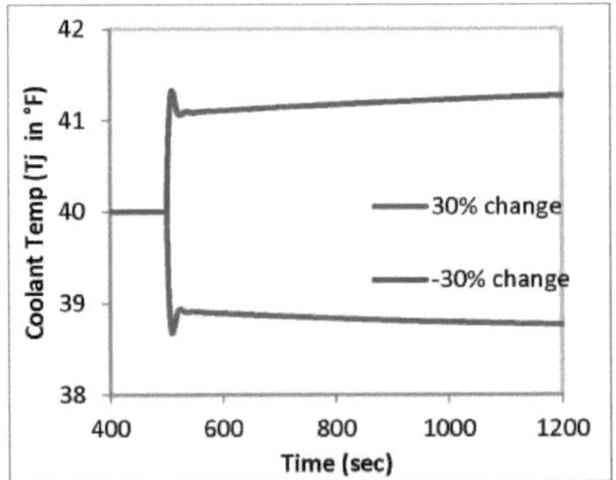

Figura: 4.13 ±30% Variação de carga na alimentação Caudal com controlador PID

A partir da Figura 4.14, observamos que, para uma variação de 40% no caudal de alimentação como variação de carga a 500 segundos, a variável manipulada, que é a temperatura do líquido de arrefecimento, tem um valor de pico de 38,22 °F e demora

2500 segundos a estabilizar e a variável controlada, que é a temperatura do reator, demora 177 segundos como tempo de estabilização, utilizando um valor de pico de 57,95 e uma ultrapassagem de $1{,}7\times10^{-3}$ com desvio zero. Para uma variação de -40% na carga, a variável manipulada temperatura do líquido de arrefecimento tem um valor de pico de 41,32 °F e demora 2600 segundos a estabilizar e a variável controlada, que é a temperatura do reator, demora 400 segundos como tempo de estabilização, utilizando 57,9417 como valor de pico e uma ultrapassagem de 7×10^{-3} com desvio zero.

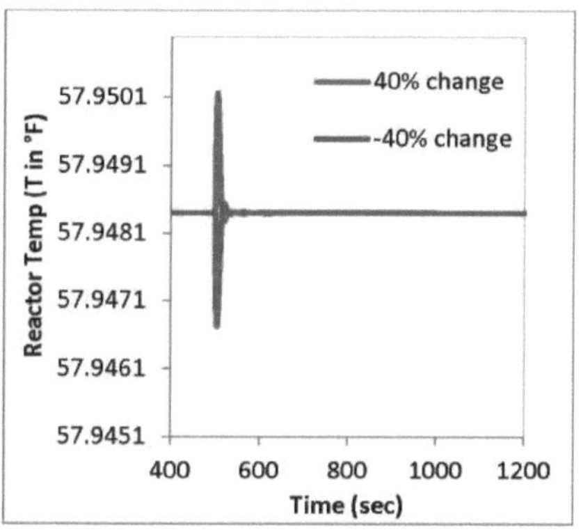

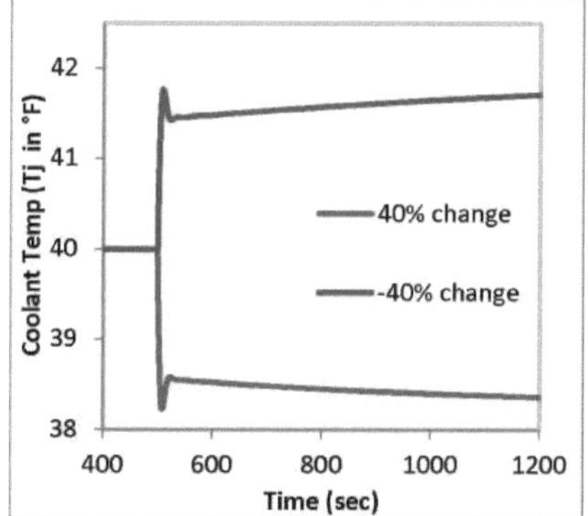

Figura: 4.14 ±40% Variação de carga na alimentação Caudal com controlador PID

4.3 Resposta do MPC

4.3.1 Resposta do MPC para alteração do ponto de ajuste

Para obter a resposta servo do MPC no CSTR, efectuámos diferentes alterações de passo no ponto de regulação. A resposta do modelo da instalação é apresentada em representação gráfica. A partir da Figura 4.15, observamos que, para uma alteração de 10% no ponto de regulação, ou seja, na temperatura do reator, a variável manipulada, que é a temperatura do líquido de arrefecimento, tem um valor de pico de 112 °F e demora 610 segundos a estabilizar e a variável controlada, que é a temperatura do reator, demora 2900 segundos a estabilizar, utilizando um valor de pico de 64,09 e uma ultrapassagem de 0,35 com zero. Para uma variação de -10% no ponto de ajuste, ou seja, na temperatura do reator, a

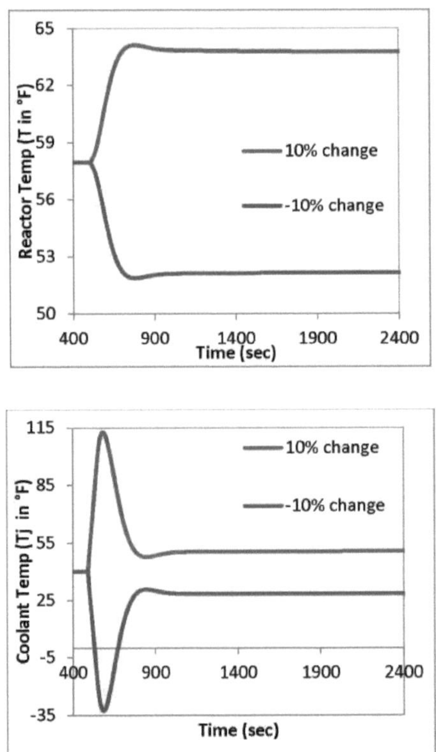

Figura: 4.15 ±10% Variação do ponto de ajuste do líquido de arrefecimento Temperatura com controlador MPC

A variável manipulada, que é a temperatura do líquido de arrefecimento, tem um valor de pico de -32°F e demora 650 segundos a estabilizar e a variável controlada, que é a temperatura do reator, demora 610 segundos a estabilizar, utilizando um valor de pico de 51,87 e uma ultrapassagem de 1,33 com desvio zero.

A partir da Figura 4.16, observamos que, para uma alteração de 20% no ponto de ajuste, ou seja, na temperatura do reator, a variável manipulada, que é a temperatura do refrigerante, tem um valor de pico de 153 °F e demora 720 segundos a estabilizar e a variável controlada, que é a temperatura do reator, demora 580 segundos como tempo de estabilização, utilizando um valor de pico de 70,18 e uma ultrapassagem de 0,65 com desvio zero.

Para uma alteração de -20% no ponto de regulação, ou seja, na temperatura do reator, a variável manipulada, que é a temperatura do refrigerante, tem um valor de pico de 73,5 °F e demora 700 segundos a estabilizar e a variável controlada, que é a temperatura do reator, demora 560 segundos a estabilizar, utilizando um valor de pico de 45,99 e uma ultrapassagem de 0,36 com desvio zero.

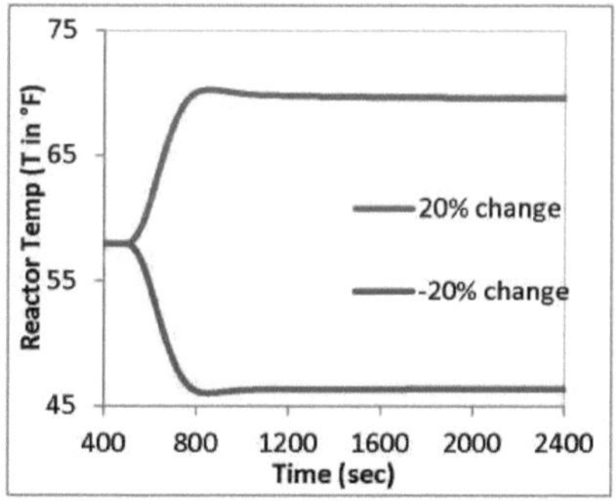

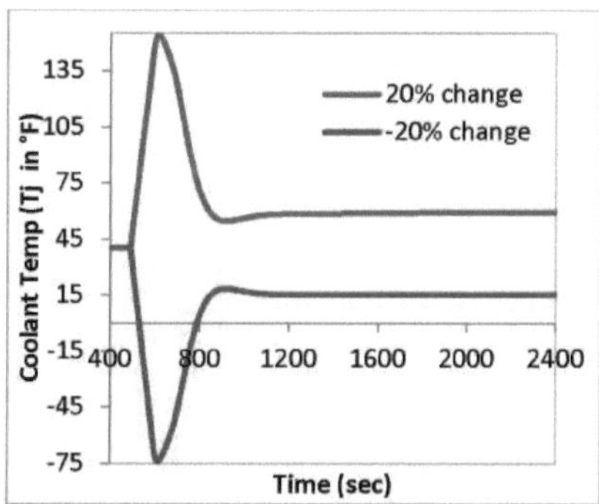

Figura: 4.16 ±20% Variação do ponto de ajuste do líquido de arrefecimento Temperatura com controlador MPC

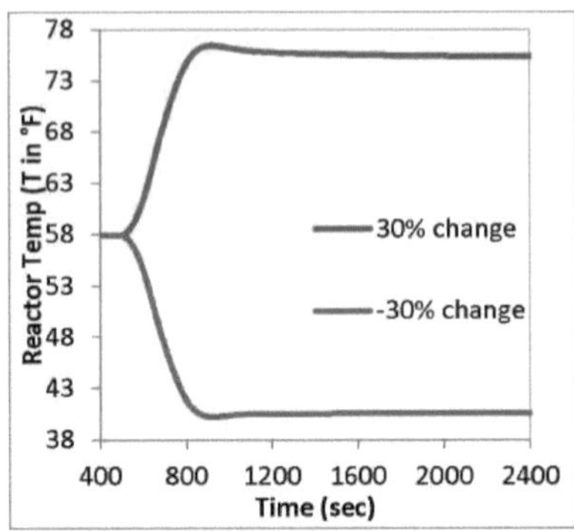

A partir da Figura 4.17, observamos que, para uma alteração de 30% no ponto de ajuste, ou seja, na temperatura do reator, a variável manipulada, que é a temperatura do refrigerante, tem um valor de pico de 184 °F e demora 780 segundos a estabilizar e a variável controlada, que é a temperatura do reator, demora 710 segundos a estabilizar, utilizando 76,40 valores de pico e

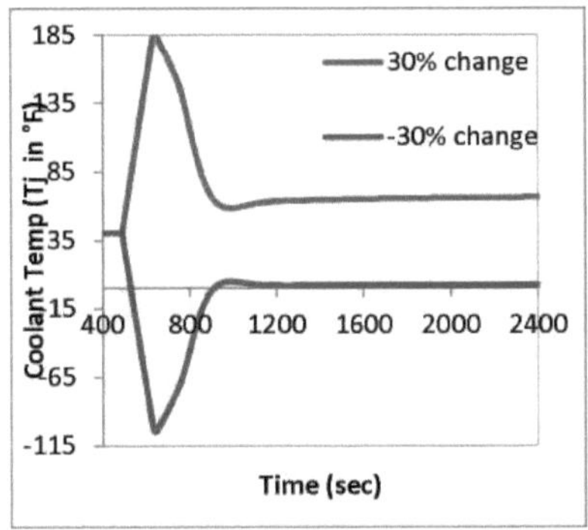

Figura: 4.17 ±30% Variação do ponto de ajuste do líquido de arrefecimento Temperatura com controlador MPC

ultrapassagem de 1,06 com desvio zero. Para uma alteração de -30% no ponto de regulação, ou seja, na temperatura do reator, a variável manipulada, que é a temperatura do refrigerante, tem um valor de pico de -103,8°F a 500 segundos e demora 750 segundos a estabilizar e a variável controlada, que é a temperatura do reator, demora 560 segundos a estabilizar, utilizando um valor de pico de 40,24 e uma ultrapassagem de 0,32 com desvio zero.

A partir da Figura 4.18, observamos que, para uma alteração de 40% no ponto de ajuste, ou seja, na temperatura do reator, a variável manipulada, que é a temperatura do líquido de arrefecimento, tem um valor de pico de 208 °F e demora 800 segundos a estabilizar e a variável controlada, que é a temperatura do reator, demora 700 segundos a estabilizar, utilizando um valor de pico de 82,74 e uma ultrapassagem de 1,6 com desvio zero. Para uma alteração de -40% no ponto de regulação, ou seja, na temperatura do reator, a variável manipulada, que é a temperatura do refrigerante, tem um valor de pico de -132°F aos 500 segundos e demora 710 segundos a estabilizar e a variável controlada, que é a temperatura do reator, demora 630 segundos a estabilizar, utilizando 34,53 de valor de pico e uma ultrapassagem de 0,23 com desvio zero.

4.3.2 Resposta do MPC à variação de carga

Para a resposta regulamentar do MPC, fornecemos a variação de carga como caudal de alimentação. No nosso problema, estudamos uma variação de carga de ±10 a ±40%. O caudal de alimentação é inicialmente de 0,833 pés^3 /seg.

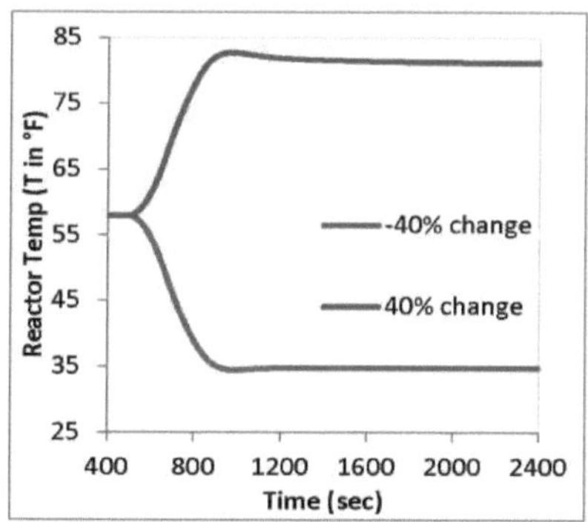

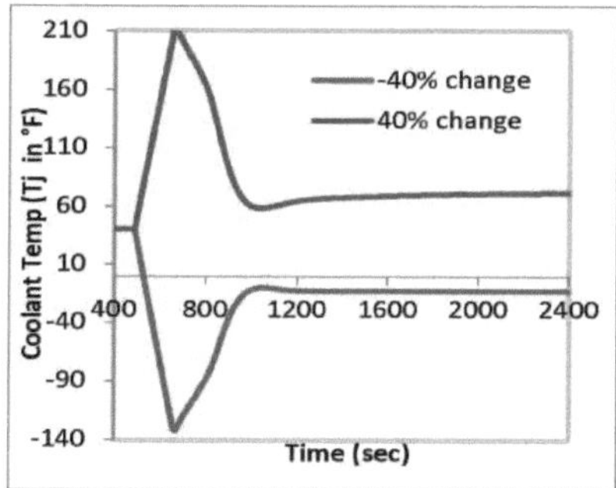

Figura: 4.18 ±40% Variação do ponto de ajuste do líquido de arrefecimento Temperatura com controlador MPC

Variação de carga variável no caudal de alimentação

Quando se dá uma variação de 10% no caudal de alimentação como variação de carga a 500 segundos, observamos que a variável manipulada, que é a temperatura do líquido de arrefecimento, tem um valor de pico de 39,60°F e demora 2390 segundos a estabilizar e a variável controlada, que é

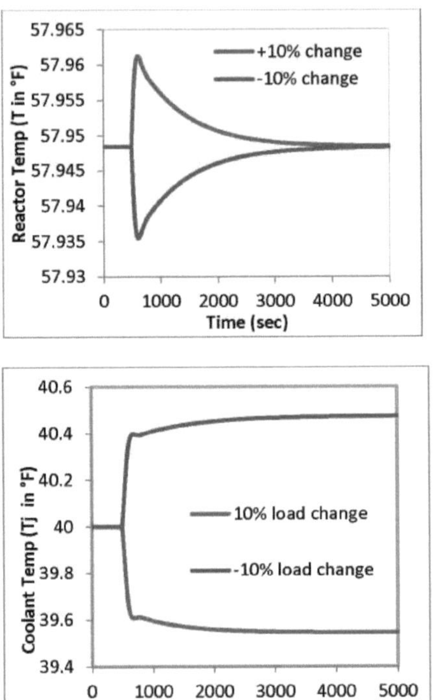

Figura: 4.19 ±10% Variação de carga na alimentação Caudal com controlador MPC

A temperatura do reator demora 4000 segundos como tempo de estabilização utilizando um valor de pico de 57,96 e uma ultrapassagem de 0,01 com um desvio de zero, como se mostra na Figura 4.19. Para uma variação de -10% na carga, a variável manipulada temperatura do líquido de arrefecimento tem um valor de pico de 40,39°F e demora 2000 segundos a estabilizar e a variável controlada, que é a temperatura do reator, demora 4000 segundos a estabilizar utilizando um valor de pico de 57,935 e uma ultrapassagem de 0,09 com desvio zero.

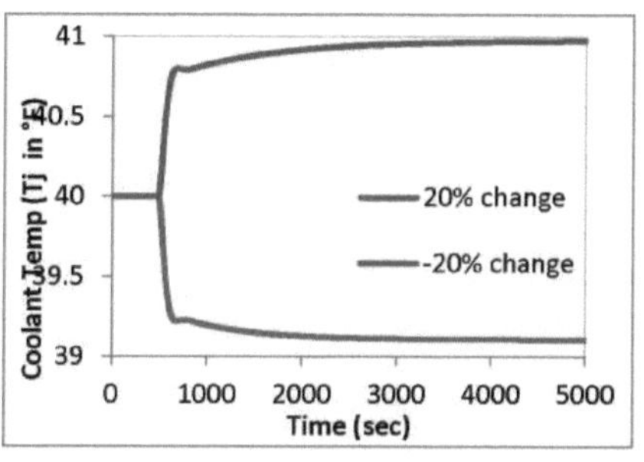

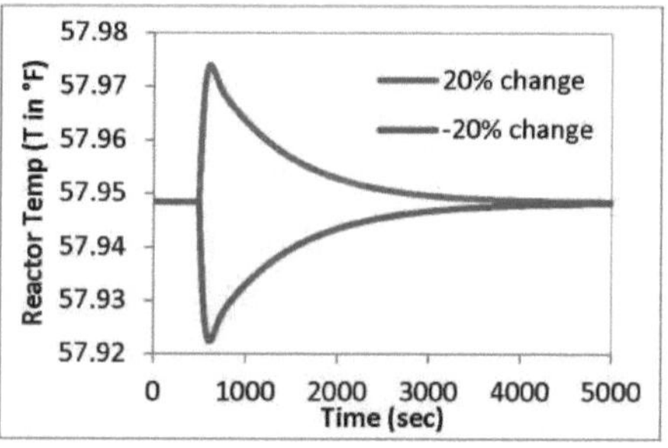

Figura: 4.20 ±20% de variação de carga na vazão de alimentação com controlador MPC.

Quando é dada uma variação de 20% no caudal de alimentação como variação de carga aos 500 segundos, observamos que a variável manipulada, que é a temperatura do líquido de arrefecimento, tem um valor de pico de 39,23 °F e demora 2 400 segundos a estabilizar e a variável controlada, que é a temperatura do reator, demora 4 000 segundos a estabilizar, utilizando um valor de pico de 57,974 e uma ultrapassagem de 0,025 com desvio de zero, como se mostra na Figura 4.20.

Para variações de carga de -20%, a variável manipulada, que é a temperatura do refrigerante, tem um valor de pico de 40,79 °F e demora 3000 segundos a estabilizar e a variável controlada, que é a temperatura do reator, demora 4000 segundos a estabilizar, utilizando um valor de pico de 57,92 e uma ultrapassagem de 0,025 com desvio zero.

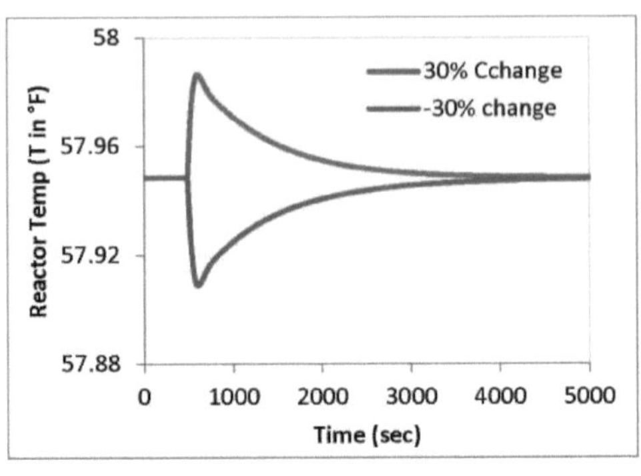

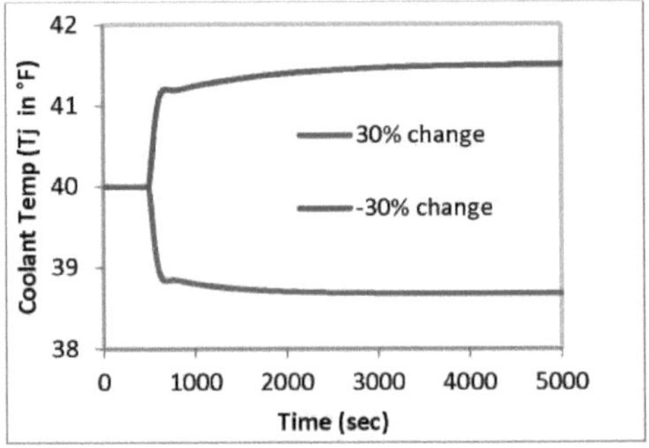

Figura: 4.21 ±30% Variação de carga na alimentação Caudal com controlador MPC

Quando é dada uma variação de 30% no caudal de alimentação como variação de carga aos 500 segundos, observamos que a variável manipulada, que é a temperatura do líquido de arrefecimento, tem um valor de pico de 38,84°F e demora 2500 segundos a estabilizar e a variável controlada, que é a temperatura do reator, demora 4000 segundos a estabilizar, utilizando um valor de pico de 57,986 e uma ultrapassagem de 0,038 com desvio zero, como se mostra na Figura 4.21. Para variações de -30% na carga, a variável manipulada temperatura do líquido de arrefecimento tem um valor de pico de 41,20°F e demora 3100 segundos a estabilizar e a variável controlada, que é a temperatura do reator, demora 4000 segundos a estabilizar, utilizando um valor de pico de 57,90 e uma ultrapassagem de 0,038 com desvio de zero.

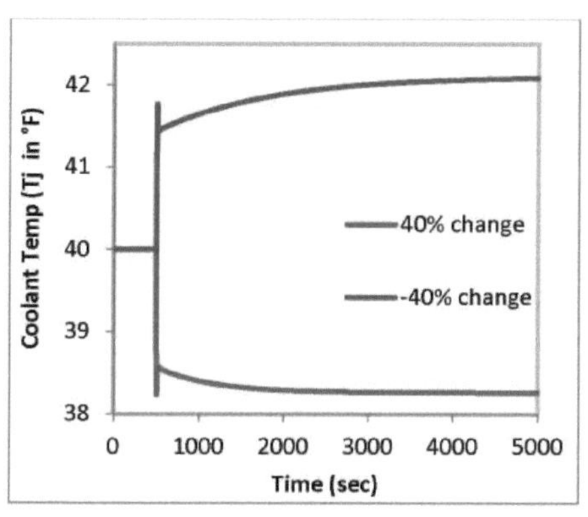

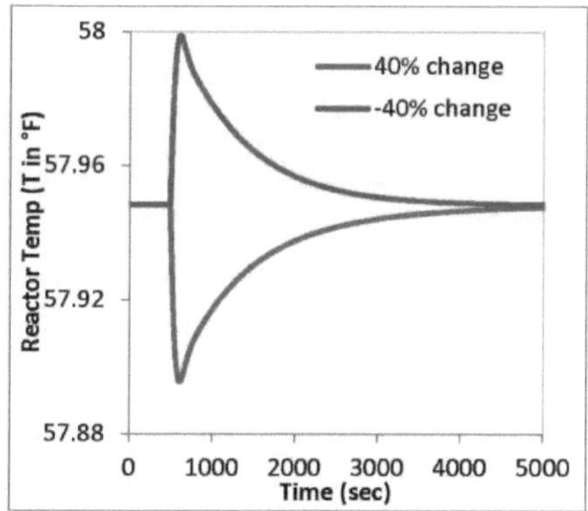

Figura: 4.22 ±40% Variação de carga na alimentação Caudal com controlador MPC

Quando é dada uma variação de 40% no caudal de alimentação como variação de carga aos 500 segundos, observamos que a variável manipulada, que é a temperatura do líquido de arrefecimento, tem um valor de pico de 38,46 °F e demora 2600 segundos a estabilizar e a variável controlada, que é a temperatura do reator, demora 4200 segundos a estabilizar, utilizando um valor de pico de 57,99 e uma ultrapassagem de 0,049 com desvio de zero, como se mostra na Figura 4.22. Para variações de -40% na carga, a variável manipulada, que é a temperatura do líquido de arrefecimento, tem um valor de pico de 41,61 °F e demora 3500 segundos a estabilizar e a variável controlada, que é a temperatura do reator, demora 4200 segundos a estabilizar, utilizando um valor de pico de 57,89 e uma ultrapassagem de 0,052 com desvio zero.

Capítulo- 5

Conclusão

No presente estudo, é desenvolvido um modelo que consiste em equações diferenciais ordinárias não lineares do CSTR. Para verificar o desempenho do controlador PID e MPC com base no tempo de estabilização para diferentes mudanças de carga e de ponto de regulação, é utilizado o solucionador ode15s na estação MATLAB. O tempo de estabilização do PID e do MPC foi comparado e verificou-se que, para uma alteração de 10% do ponto de regulação, o MPC tem um tempo de estabilização de 40 segundos, enquanto o PID tem um tempo de estabilização superior, de 60 segundos. 65°F é o valor de pico da variável controlada no PID em comparação com 63°F no MPC, o que mostra claramente que o PID tem um valor de pico mais elevado da variável controlada. O desvio é insignificante para ambas as técnicas de controlo. Por conseguinte, pode concluir-se que a MPC é a melhor técnica de controlo em comparação com a PID.

Referência

[1] Arslan, Erdem, et al. "Controlo multi-modelo de sistemas não lineares utilizando a métrica de lacunas em malha fechada". Actas da Conferência Americana de Controlo de 2004. Vol. 3. 2004.

[2] ASAR, I§IK. "Desempenho do controlo preditivo de modelos (mpc) no controlo de sistemas de reação. "Diss. Universidade Técnica do Médio Oriente, 2004.

[3] Clarke, D. W., Mohtadi, C e Tuffs, P. S. (1987). "Generalized predictive control-Part I.The basic algorithm. "Automatica (Journal of IFAC). 137 - 148.

[4] Cutler, C. R e Ramaker, B. L. (1979). Controlo de matriz dinâmica: um algoritmo de controlo por computador. In Proceedings of AIChE 86th National Meeting. Texas

[5] Dostal, Petr, VladimirBobal, e FrantisekGazdos. "Simulação do controlo adaptativo não linear de um reator de tanque agitado contínuo." Jornal Internacional de Matemática e Computadores em Simulação 5.4 (2011): 370-377.

[6] Dougherty, Danielle, e Doug Cooper. "Uma estratégia prática de adaptação de múltiplos modelos para o controlo preditivo de modelos multivariáveis". Control Engineering Practice 11.6 (2003): 649-664.

[7] Galan, Omar, Jose A. Romagnoli, e Ahmet Palazoglu. "Real-time implementation of multi-linear model-based control strategies-an application to a bench-scale pH neutralization reator." Journal of Process Control 14.5 (2004): 571-579.

[8] Gao, Ruiyao, Aidan O'dywer e Eugene Coyle. "A nonlinear PID controller for CSTR using local model networks. "Intelligent Control and Automation, 2002.Proceedings of the 4th World Congress on.Vol. 4.IEEE, 2002.

[9] Garcia, C. E., e Morari, M. (1982a). Internal Model Control 1: A unying review and some new results. Industrial Engineering Chemical Process Design and Development. 21:308-323.

[10] Khodadadi, Hossein, e HooshangJazayeri-Rad. "Design of a computationally efficient observer-based nonlinear model predictive control for a continuous

stirred tank reator. "Intelligent Computing and Intelligent Systems (ICIS), 2010 IEEE International Conference on.Vol. 3.IEEE, 2010.

[11] Kishore, C., Sheereen, S. F., Vandhana, T., & Raju, S. S. Implementação de controlo preditivo de modelos e pid baseado em sintonização automática para um controlo eficaz da temperatura em cstr (2012) .

[12] Marruedo, D. L., Bravo, J. M., Alamo, T., & Camacho, E. F. (2002). MPC robusto de sistemas não lineares de tempo discreto com restrições, baseado em conjuntos de evolução incerta: aplicação a um modelo CSTR. In Control Applications, 2002.Proceedings of the 2002 International Conference on (Vol. 2, pp. 657- 662).IEEE.

[13] Murray-Smith, Roderick, e T. Johansen, eds. Multiple Model Approaches to Nonlinear Modelling and Control. CRC press, 1997.

[14] Prakash, J., e R. Senthil. "Conceção de um controlador preditivo de modelo não linear baseado em observador para um reator de tanque agitado contínuo." Journal of Process Control 18.5 (2008): 504-514.

[15] Prakash, J., e K. Srinivasan. "Conceção do controlador PID não linear e do controlador preditivo de modelo não linear para um reator de tanque agitado contínuo." Transacções ISA 48.3 (2009): 273-282.

[16] Richalet, J., Rault, A., Testud, J. L e Papon, J. (1978). Controlo Heurístico Preditivo de Modelos: Application to industrial Process. Automatica. 14(5): 413428.

[17] Sandeep kumar, Analysis of Temperature Control of CSTR Using S Function, International Journal of Advanced Research in Computer Science and Software Engineering, Volume 2, Issue 5, May 2012

[18] Slotine, Jean-Jacques E., e Weiping Li. Applied nonlinear control.Vol. 199.No. 1. Englewood Cliffs, NJ: Prentice-Hall, 1991.

[19] Van de Vusse, J. G. "A new model for the stirred tank reator" (Um novo modelo para o reator de tanque agitado). Chemical Engineering Science 17.7 (1962): 507-521.

[20] Vojtesek, J., &Dostal, P. (2005).Programa para Simulação de Reator de Tanque Estireno Contínuo em Matlab's GUI.In Conference Technical Computing

Prague.

[21] Vojtesek, J., &Dostal, P. (2011).Utilização do ambiente MATLAB para simulação e controlo de CSTR. Revista Internacional de Matemática e Computadores em Simulação, 5(6), 528-535.

[22] Wojsznis, Willy K., e Terrence L. Blevins. "Evaluating PID adaptive techniques for industrial implementation. "American Control Conference, 2002.Proceedings of the 2002.Vol. 2.IEEE, 2002.

[23] Xue, Z. K., e S. Y. Li. "Modelação multi-modelo e controlo preditivo baseado em redes de modelos locais". Controlo e sistemas inteligentes 34.2 (2006): 105112.

Printed by Books on Demand GmbH, Norderstedt / Germany